A GLOBAL GEOGRAPHY BOOK F CHILDREN

# 写给孩子的 环球 地理书

★ 让孩子脑洞大开的奇趣地理科普书 ★

和继军 / 编著

FANTASTIC OCEAN
## 奇幻的海洋
### （一）

航空工业出版社

## 内容提要

《写给孩子的环球地理书·奇幻的海洋》以海洋为主题，介绍世界范围内的著名海域、海湾、海岛、海岸等千姿百态的自然景观，以及海底形态、海洋灾害、海洋资源等内容，极大地丰富了孩子的海洋学知识。

## 图书在版编目（CIP）数据

奇幻的海洋 ：全2册 / 和继军编著. —— 北京 ：航空工业出版社，2021.6
（写给孩子的环球地理书）
ISBN 978-7-5165-2537-1

Ⅰ．①奇… Ⅱ．①和… Ⅲ．①海洋-青少年读物
Ⅳ．① P7-49

中国版本图书馆 CIP 数据核字（2021）第 084368 号

奇幻的海洋：全2册
Qihuan De Haiyang

航空工业出版社出版发行
（北京市朝阳区京顺路5号曙光大厦C座四层　100028）
发行部电话：010-85672688　010-85672689

| 北京楠萍印刷有限公司印刷 | 全国各地新华书店经售 |
| --- | --- |
| 2021年6月第1版 | 2021年6月第1次印刷 |
| 开本：787×1092　1/16 | 字数：45千字 |
| 印张：6.25 | 定价：218.00元（全6册） |

《写给孩子的环球地理书》分为《奇幻的海洋》《奇妙的陆地》《奇异的气象》三种，共六册，内附大量趣味故事、知识链接、拓展阅读，是专为孩子们打造的地理科普读物。

《奇幻的海洋》以海洋为主题，展开介绍世界各地海域、海湾、海岸、海岛等千姿百态的奇特景观，让孩子更加深入了解、认识海洋。看似遥远神秘的海洋，其实与我们的生活息息相关，我们似乎熟悉它，但是却不一定了解它。如何解释"后浪推前浪，前浪拍在沙滩上"的现象？哪片海是世界上唯一的双层海？死而复生之地在哪里？这些好玩的问题都可以从这本书中找到答案。

《奇妙的陆地》主要讲述世界范围内陆地奇特的地貌类型及其成因、分布，世界地形、地貌之最等。世界地形、地貌复杂多样，除了有高原、山地、平原、丘陵、盆地等基础地形外，还有雅丹地貌、沙漠地貌、丹霞地貌、喀斯特地貌、火山地貌、冰川地貌、流水地貌等特色地貌。本书将带领孩子们认识世界各地缤纷多彩的地貌形态。

《奇异的气象》主要介绍与我们日常生活密切相关的常见的天气现象和一些奇异的天气现象，气温变化带来的不同的自然景观，大气中的光学现象，极端天气下的气象灾害预警等知识。天空中的云，飘逸潇洒，供人欣赏、仰望和赞叹。但是出现哪些云，是下雨的征兆？日晕、月晕、日华都是如何形成的？佛光为何物？本书将地理知识与生活紧密连接起来，助力孩子们轻松地解锁自然的奥秘。

世界是丰富多彩的，充满了无限的魅力，只有通过不断地认识，不断地探索，才能破解更多的自然奥秘。本书融知识性、科学性、趣味性、新奇性于一体，是一部孩子增长地理学知识、开阔视野、领略地球之美的良好读物。

序言
PREFACE

据科学家推测，生命起源于海洋。经过漫长的岁月进化，人类早已适应陆地生活。相比陆地，海洋更让人陌生和恐惧。中西方有大量绚丽的海洋神话传说，我国有精卫填海、八仙过海、哪吒闹海……古希腊神话中有海神波塞冬，北欧神话中有海神埃吉尔等，从世界各地海洋神话传说中就可以窥探远古先民心中的海洋观，这类神话是古人关注海洋、认识海洋的一种表达方式。

最初人们对海洋的认知局限在"行舟楫之便"与"兴渔盐之利"，随着认识的深化，海洋被视为"世界交通要道""人类生存发展的重要空间""人类未来的粮仓"等。海洋是一个巨大的资源宝库，海洋面积占地球表面积的71%，这是一片接近四分之三的"蓝色领土"，海洋正在成为人类的第二生存空间。

前英国南极考察队基地教练保罗·罗斯就曾表示："令人遗憾的是，我们大多数人对于离我们遥远的火星上秘密的了解程度要远远高于我们对海洋的了解。"

我们陆地上有世界上最大、最雄伟的喜马拉雅山脉，有世界第一大跨国瀑布尼亚加拉大瀑布，有全球最频繁的斯特朗博利型火山喷发。科学家普遍认为，海洋里同样埋藏着无数的"崇山峻岭"，且它们的高度使喜马拉雅山脉上的诸峰都相形见绌，海底瀑布也远大于陆地上的最大瀑布，海底火山喷发的频率远高于陆地表面的所有火山喷发。这些是否是你此前闻所未闻的海洋现象？是否刷新了你对海洋的认知？

长期以来，重陆轻海的观念深深植根于我们的文化之中，导致重视农业文明而忽视海洋文明。我们从小就知道我国的领土面积为960万平方千米，而忽略了我国还有300万平方千米的海洋国土面积。海洋就像有神奇的魔力，让人不由自主地心驰神往。如今我们面对烟波瀚渺的海洋时，既感叹它的深邃神奇，又遗憾对它的未知多于已知。

人类需要不断深入地探索，深度发掘出更多未知的海洋现象并进行很好的解读。习近平同志在党的十九大报告中指出："坚持陆海统筹，加快建设海洋强国。"为实现海洋强国战略，孩子们更应该从小关心海洋，认知海洋，重视培养海洋意识，加强海洋知识的学习。

# 常见海洋名词图鉴

## 海湾

是指三面环陆，一面与海相连，呈 U 形及圆弧形的一片海洋，是海洋伸入陆地的部分，或海洋的突出部分。

## 海峡

是指两块陆地之间连通海洋与海洋之间的较狭窄的水道。深度大、水流急，是交通要道，又是航运枢纽，被称为"海上走廊""黄金水道"。

## 海岛

是指四面临海的小片陆地。其中半岛是指三面环海，一面与陆地相连，伸入海中或湖中的陆地。

## 海岸

是指海洋和陆地相互接触，经波浪、潮汐、海流等作用形成的滨水地带，海滨或滨海的陆地边界、紧接海洋边缘的陆地。

## 海沟

是由海洋板块和大陆板块相互作用形成。位于海洋中的两壁较陡、中间狭长、水深大于 5000 米的沟槽，是海底最深的地方，最大水深可达到 10000 米以上。

## 海岭

又称海脊，也称"海底山脉"。绵延于大海底部的高地，一般较陆地的山脉高而长，两侧较陡，高出两侧海底可达 3 ~ 4 千米。

目 录
Contents

# 世界尽头的绝美海景

## Part 1
## 海和洋统领的水域

# Part 2
## 洒落在海洋中的珍珠

# Part 3
## 海水雕刻的美丽曲线

# 温柔时光的中国海景

## Part 1
## 广袤的蓝色国土

## Part 2
## 治愈心灵的美丽小岛

# Part 3
# 美丽的海岸线风光

# 深邃神秘的水下世界

## Part 3
## 聚焦海洋经济

# 世界尽头的绝美海景

世界海域辽阔，各具特色，或堪称世界上最神奇的海域、或堪称世界上最危险的海域、或堪称世界上岛屿最多的海域……世界绝美海岛、海滩众多，在喧嚣之外，寻一处清幽，觅一份清欢，度过一段柔软的时光。本章将介绍世界绝美海域、海湾、海岛、海滩等，带你驰骋海洋，逐梦深蓝。

# 海和洋统领的水域

海洋包裹着地球表面。一般人们将这些占地球很大面积的咸水水域称为"洋"，世界上有太平洋、大西洋、印度洋、北冰洋等；而大陆边缘的水域则被称为"海"或"海湾"，不同的海，按其所处地理位置的不同分为内陆海、陆间海和边缘海三类。

## 世界最大最深的洋——太平洋

太平洋位于亚洲、大洋洲、南北美洲和南极洲之间，是世界上最大、最深的大洋，也是边缘海和岛屿最多的大洋。

### ◢ 海洋界的"老大"

太平洋南起南极地区，北到北极地区，西至亚洲、澳洲，东至南、北美洲，是世界上最大的大洋，超过包括南极洲在内的地球陆地面积的总和，占世界海洋总面积的49.8%、地球总面积的35%；其水容量是世界第二大洋大西洋的2倍以上。太平洋地区有 30 多个独立国家，以及阿留申群岛、汤加群岛等岛屿。

### ⚓ 世界上最深的大洋

太平洋的平均深度超过 4000 米，最深处的马里亚纳海沟深达 11000 米以上，是世界上已知的最低的地方。马里亚纳海沟位于太平洋的西部，大部分水深在 8000 米以上。1957 年苏联调查船测到 10990 米的深度，后来又有了 11034 米的纪录。1960 年美国海军用法国制造的"的里亚斯特"号探海艇，创造了潜入海沟 10911 米的纪录。

**趣味故事**

#### 谁给太平洋起了名字？

太平洋一词最早出现于 16 世纪 20 年代，它是由大航海家麦哲伦和他的船队最先叫开的。

1519 年 9 月 20 日，葡萄牙航海家麦哲伦率领 270 名水手组成的探险队从西班牙的塞维尔启航，西渡大西洋，希望找到一条通往印度和中国的新航路。中途经过了重重考验，最终进入赤道无风带，饱受了先前惊涛骇浪之苦的船员望着波澜不惊的大海兴奋地说："这真是一个太平洋啊！"从此，人们把亚洲、美洲、大洋洲之间的这片大洋称为"太平洋"。

# 有一条纵贯南北呈 S 形的海岭——大西洋

大西洋是世界第二大洋，以赤道为界，分为北大西洋和南大西洋。北连北冰洋，南面在南纬 66 度与南冰洋接连。

### ⚓ 大西洋的"脊梁"

大西洋洋底地貌的突出特征是有一条贯通南北呈 S 形的海岭，宽达 1610 千米，约占大洋宽度的 1/3，称为大西洋中脊，又称中大西洋海岭，是大西洋洋底地形中最为奇特的景观。它北起冰岛，纵贯大西洋，向南延伸至布韦岛，然后转向东北与印度洋中脊相连，全长达 1.5 万多千米。

## ⛵ 深藏在海底的文明——传说中的亚特兰蒂斯文明

亚特兰蒂斯是一个传说中高度文明的国度。大约12000年前，它在一夜之间消失得无影无踪。这个于"悲惨的一昼夜"间沉没于大海中的"亚特兰蒂斯"大陆，也就是人们常说的"大西洲"。

传说中沉没的大西洲，便是大西洋中曾存在过的一个神秘大陆，位于大西洋中心附近。亚特兰蒂斯大陆是大西洲文明的核心，是由希腊神话中海神波塞冬统治的一座岛屿，十分富裕繁华，中心有宫殿和供奉守护神波塞冬的神殿，所有建筑物都以白、黑、红色石头建成，美丽壮观。首都波赛多尼亚的四周，建有双层环状陆地和三层环状运河。在两处环状陆地上，有温泉和冷泉。除此之外，大陆上还建有造船厂、赛马场、兵舍、体育馆和公园等。

英国学者史考特·艾利欧德曾指出，亚特兰蒂斯在当时已经达到人类文明的巅峰期。

拓展阅读

### 疫情之下大西洋的安静吸引鲸回归

2020年由于全球疫情因素的影响，大西洋上邮轮和货船的数量大幅减少，也减少了对鲸类动物的噪声污染，吸引了很多在南极觅食、在巴西沿海繁殖着的鲸类动物的回归。

非政府组织"座头鲸计划"运营协调员、生物学家塞尔吉奥·西波洛蒂说："巴西拥有丰富的海洋多样性，我们的海洋里活跃着多达46种迁徙物种，占总共约90种迁徙物种中的一半，例如在南极觅食、在这里繁殖的座头鲸。"

据报道，疫情之下海洋的宁静使得其他物种现身于巴西7367千米长的海岸线。

# 最繁忙的航水道——印度洋

印度洋是世界第三大洋，位于亚洲、大洋洲、非洲和南极洲之间。因位于亚洲印度半岛南面，故名印度洋。

## ⚓ 繁忙的热带海洋

印度洋航运业虽不及大西洋和太平洋发达，但由于承担着向外输出中东地区石油的重任，因而印度洋航线在世界上占有重要的地位，成为联系亚洲、非洲和大洋洲之间的交通要道。同时，它还是世界资源的一个重要出口地，一些石油、矿产等大宗货物都需要依靠廉价的海洋运输，再加上大量的跨境运输，使印度洋拥有世界上 1/6 的货物吞吐量和近 1/10 的货物周转量，成了航运繁忙的热带海洋。

## ⚓ 印度洋上的"眼泪"和"明珠"

在印度洋上有一个美丽的岛国——斯里兰卡，形状如同印度半岛的一滴眼泪，镶嵌在广阔的印度洋上，"斯里兰卡"意为"乐土""光明富庶的土地"，有"宝石王国""印度洋上的明珠"的美称，被马可·波罗誉为"最美丽的岛屿"，因为没有一个岛屿能有与其媲美的海滨、无限神秘的古城、丰富的自然文化遗

趣味故事

### 曲折的"印度洋"正名

印度洋在古代称为"厄立特里亚海",公元 10 世纪,阿拉伯人伊本·豪卡勒编绘的世界地图上也使用了这个名字。近代使用印度洋一名大约在 1515 年,中欧地图学家舍纳尔在编绘地图时,把这片大洋标记为"东方的印度洋","东方"一词是与大西洋相对来说的。1570 年奥尔太利乌斯在他所编绘的世界地图集中,把"东方的印度洋"去掉"东方的",简化成"印度洋"。这个名字逐渐被人们接受,成为通用的称呼。

产,以及独特迷人的文化氛围。

毛里求斯是位于印度洋西南部的一个小岛,被誉为"印度洋上的明珠"。这个位于碧蓝印度洋上的海岛,具有传统和现代的双重色彩,这里是平静、安宁的绿洲,过去和现在的完美融合。它既有非洲的热情奔放,又有法国的柔情浪漫,还兼具英国的高贵优雅和印度的妖娆妩媚。岛上的地貌千姿百态,有连绵的山脉、河流、溪涧和瀑布,优美的景色让人乐而忘返。

# 地球上唯一的"白色海洋"——北冰洋

北冰洋是世界上最小又最为寒冷的大洋。北冰洋大部分位于北极圈内,位于地球的最北端,被亚洲、欧洲、北美洲环抱着,以狭窄的白令海峡与太平洋相通,通过挪威海、格陵兰海和许多海峡与大西洋相连。

## ⚓ 冰与雪的光年爱恋

北极地区气候寒冷,北冰洋有终年不化的冰盖,冰盖面积占总面积的 2/3 左右,其余海面上漂流着冰山和浮冰。由于巴伦支海地区受北角暖流巨量海水的影响终年不结冰。北冰洋多数岛屿上分布冰川和冰盖,北冰洋沿岸地区则多为厚达

6

▲北冰洋

百米的永冻土带。在这个奇特的世界里，冰与雪就像一对恋人，永远不愿分开。

## 海岸线曲折

北冰洋是海岸线最曲折的大洋，形成了许多浅而宽的边缘海和海湾，具有侵蚀海岸、峡湾海岸、三角洲海岸及潟湖海岸等多种海岸类型。亚欧大陆沿岸的边缘海有巴伦支海、喀拉海、拉普捷夫海、东西伯利亚海以及楚科奇海，北美洲沿岸的边缘海有波弗特海、格陵兰海。

# 有争议的"第五大洋"——南冰洋

南冰洋，也叫"南极海""南大洋"，是世界上唯一完全环绕地球却没有被大陆分割的大洋。

## 在争议中成名

南冰洋一直在争议中苦苦挣扎，它是围绕南极洲的海洋，是太平洋、大西洋和印度洋南部的海域，具有南极洲边缘海的性质，以前人们将南冰洋的水域称为"南极海"，但经过海洋学家们的考察发现"南极海"有不同于四大洋的洋流，于是国际水文地理组织于2000年将其确定为一个独立的大洋。但在学术界依旧有人不承认南冰洋这一称谓，他们认为确定大洋应该有其对应的中洋脊。

## ⛵ 带条纹的冰山

南冰洋上的条纹冰山近几年才进入大众视野，它们虽不算罕见，但也确实并不常见。2011 年，一支南极研究探险队在酷寒的南冰洋遇到了许多有明显图案的冰山。来自挪威的水手汤根拍摄了一组照片，照片中显示的冰山具有各种各样的条纹，看上去非常奇特美丽。有的像"冰冻的浪潮"，有的像巨大的绿色薄荷糖，有的或为巧克力色的条纹，有的或为整齐而有规则的蓝色条纹……这些各种各样的条纹冰山为我们展示了一种另类的美，使得生硬寒冷的冰山如此多姿多彩、绚丽迷人。

**拓展阅读**

### 日本科学家在南冰洋发现新品种——海洋蠕虫

据外媒 CNET 报道，来自日本的科学家团队在南冰洋南奥克尼群岛 2036 米至 2479 米深的海底采集标本时发现了一种新的海洋蠕虫，他们将其命名为 Flabelligena Gillet 2001。

这种新品种蠕虫是 Flabelligena 的六个品种之一，被称为多毛类蠕虫。在显微镜下观察标本，蠕虫有黄色的小身体，长约 1.8 厘米，宽约 1 毫米，两端为圆形，主要生活在水下 1000 米或更深的沙质泥区。多毛类是海洋底栖动物中最多样化的类群之一，在南冰洋也得到了很好的研究。

此次日本科学家首次在南冰洋发现 Flabelligena 新物种，之前发现的 Flabelligena 海洋蠕虫主要集中在北大西洋，此外还有三个是在西南大西洋、地中海和南印度洋发现的。

研究团队负责人 Naoto Jimi 在 2020 年 8 月 12 日的一份声明中说："许多研究人员已经对南大洋进行了调查，但我们对小型深海无脊椎动物的了解还相当有限。"

# 世界上最古老的海之一——地中海

地中海位于欧、亚、非三大洲之间，是世界上最大的陆间海，同时也是大西洋的附属海。

## ⛵ 最古老的神话

地中海是世界上最古老的海之一，而其所附属的大西洋却是年轻的海洋。古代的人们因此海位于三大洲之间，所以把它叫作"地中海"。最开始的时候犹太人和古希腊人将其简称为"海"或"大海"。英、法、西、葡、意等语的拼写来自拉丁语 MareMediterraneum，其中"medi"意为"在……之间"，"terra"意为"陆地"，整个词语的意思为"陆地中间的海"，这个叫法始见于公元 3 世纪的古籍。西班牙作家伊西尔在公元 7 世纪的时候，首次将地中海作为地理名称。

## ⛵ 污染最严重的海

地中海是世界上最繁忙的水域，全球有 30% 的商业船只在这里经过，有 1.5 亿的居民居住在它的沿岸。商业的繁荣和人口的聚集导致地中海的污染加重。据最新的调查报告显示，地中海已经成为世界上最脏的海域。

在地中海海边，人们可以清楚地看见水面上漂浮的垃圾。根据绿色和平组织公布的世界海洋状况报告，在地中海位于西班牙的水域，有可能在每平方米水里就含有 33 种残渣。在污染最严重的水域，每升海水的碳氢化合物含量竟然高达 10 克。

## ⛵ 争夺战中的"抢手货"

地中海向来是各国军事实力大战中的"抢手货"，它是欧、亚、非三大洲的交通要道，是大西洋、印度洋和太平洋之间往来的近路，因而在经济、政治和军事上都具有非常重要的地位。长期以来，地中海就成为列强必争之地。18 世

纪初，英国曾把地中海当作自己的"内湖"。19世纪初拿破仑纵横欧洲时，就曾想夺取英国对地中海的控制权。

# 引起日韩海洋命名之争——日本海

日本海位于日本群岛和亚洲大陆之间，是西北太平洋最大的边缘海。

## ⚓ 寒暖流交汇出的浮游生物乐园

日本海处于寒暖流交汇处，富浮游生物，海洋生物种类较多，是鱼类品种最多最全的国家，仅鱼类就有600种左右。其中贵重的鱼类有太平洋沙丁鱼、比目鱼、鳕鱼等。哺乳类中有白鲸、抹香鲸、蓝鲸等。此外，还有海驴、蟹类、海带等。在对马暖流前缘和西部利曼寒流前缘以及沿岸河口附近，浮游生物众

### 神秘 "魔鬼海"

位于日本海的魔鬼三角为什么那么玄？到底是什么力量在起作用，使三角区如此神秘？这里成为海难、空难的多发地，迄今为止，没有一位科学家能够做出有效解释。

日本海域三角区在日本本州的南部和夏威夷之间，日本人叫它"魔鬼海"。这个魔鬼海三角区，是从日本千叶县南端的野岛崎冲及向东 1000 余千米再与南部关岛的 3 点连线之间的区域，在这里很多船舶和飞机均离奇地消失了，消失得毫无痕迹。

多，水产资源丰富，盛产沙丁鱼、鲭、墨鱼和鲱鱼等。

## 由名称引发的日韩争端

"日本海"这个名称，是到 1815 年才有的，这是俄国航海家克鲁森斯特思给取的名字。目前，日本海的名称在韩国、朝鲜和日本之间存在争议。日本于 1910 至 1945 年殖民统治朝鲜半岛期间，"日本海"这一名称广泛被国际间采用。但韩国方面则一直宣称，"东海"之名已有几个世纪。自 20 世纪 80 年代起，韩国方面率先发起对该海域名称的改名举动。朝鲜则使用朝鲜东海的名称。

拓展阅读

### 世界第一大渔场——北海道渔场

日本北海道渔场地处亚洲东部，位于千岛寒流与日本暖流交汇的北海道附近海域。寒流的密度大，暖流的密度小，寒暖流交汇时可使海水发生垂直扰动，上泛的海水将营养盐类带到海面，有利于浮游生物的滋长，进而为鱼类提供丰富的饵料，吸引鱼群的到来。另外寒暖流交汇可产生"水障"，鱼群的游动受到极大的抑制，利于形成大的渔场。还由于国家捕鱼业和养殖业的发达，所以成了世界第一大渔场。

# 以姓氏命名的海洋——白令海

白令海位于亚洲大陆与北美洲阿拉斯加、阿留申群岛之间，经白令海峡与北冰洋相连，是太平洋北端的边缘海。

## 密探大弧形航线

白令海的名称是以丹麦航海家维图斯·白令（Vitus Bering）的名字命名的。最早考察白令海的是俄国哥萨克人 S. 迭日涅夫。1648 年，迭日涅夫和一个小队从东西伯利亚海的科雷马河河口出发，向东航行，绕过杰日尼奥夫角，经过白令海峡，驶入白令海，并向西到达楚科奇半岛南部的阿纳德尔河口。

知识链接

由于白令海变暖，30 年后科迪亚克岛的渔民将捕捞到完全不同于现在的海产品。渔业生物研究专家说："我们真的无法得知将来还可以捕捞什么东西。"他描述了全球气候变暖对阿拉斯加渔业以及经济发展所产生的影响，并说："白令海正在逐渐消失。"美国俄勒冈州和加利福尼亚州海岸都受到了海水升温的影响，导致了光滑粉红虾的移动，现已出现在阿拉斯加河流中。气候的变化已经改变了白令海渔业的发展，虾业和蟹业渐趋消失。

## ⛵ 潜力无限的"弧度"

虽然远远看去，白令海的弧度非常大，但是它的潜力是无限的。由于冬季强烈的对流混合把下层丰富的营养盐类带至表层，利于浮游生物的生长和繁殖。现已发现的浮游植物有163种，此外，北部陆架有丰富的石油和天然气，海底有丰富的金矿和锡矿，都尚待开发。所以，我们有理由相信，白令海的明天一定会更美好。

▲黑海

# 地球上唯一的双层海——黑海

黑海位于欧洲东南部与亚洲小亚细亚半岛之间，与地中海通过土耳其海峡相连，面积约42.4万平方千米，是世界上最大的内陆海。

## ⚓ 双层海的形成

黑海是地球上唯一的双层海。由于表层海水盐度低于深层海水盐度，所以导致上下层海水之间很难进行交换，使得表层海水浮在深层海水之上，形成双层海。缺氧严重的海底，只有厌氧微生物能够生存，它们的新陈代谢产生了二氧化碳和有毒的硫化氢。其他生物只能生存在200米以上的水里，上层的水面产大量鲟鱼、鲭鱼和鳀鱼。到20世纪后期，由多瑙河、聂伯河等其他注入黑海的河水带来的城市和工业废弃物，增加了海水的污染，海中的鱼类大幅减少。

## ⚓ 生物禁地——"死区"

在黑海，有些155～310米的海域里几乎没有生物，简直成为一片"死区"，

### 恢复昔日的魅力

罗马尼亚位于黑海的西岸，著名的蓝色多瑙河就是在罗马尼亚境内注入黑海的。但是由于战争、工业、生活废水使多瑙河受到了严重污染，作为承接多瑙河水的黑海自然难逃其害，黑海中约 60% 的氮磷化物来自多瑙河。在多瑙河沿岸 6 个国家的不懈努力下，多瑙河有望再度恢复其"蓝色"魅力，最大的污染源如果变干净了，除掉黑海之"黑"想必也指日可待。

这是什么原因呢？专家通过抽样调查发现，是由于海水受到硫化氢的污染而缺乏氧气，黑海在和地中海的对流中，把较淡的海水通过表层输送给了临海，换来的却是从深层流入的又咸又重的水流，加上长年被污染，自然要成为"死区"了。

# 因海水为红褐色而闻名世界的海——红海

红海位于亚洲与非洲之间，是非洲东北部与阿拉伯半岛之间的陆间海。

## ⚓ 红艳艳的"大嘴鳄鱼"

红海像一条张着大嘴巴的鳄鱼，从西北向东南，斜卧在那里。它长 2000 多千米，最大宽度 306 千米，面积约 45 万平方千米。北端通过苏伊士运河与地中海相连，南端有曼德海峡与亚丁湾相连。在通常情况下，海水是蓝绿色的。海内有大量会发生季节性繁殖的红藻，

**趣味故事**

### "异常惊人"的水温

红海是世界上最热的海洋，地球海洋表层年平均水温为 17℃，而红海的表层水温在最热的季节可达 27℃ ~ 32℃，即使是 200 米以下的深水区域，水温也可达到 21℃。1947 年，瑞典的"信天翁"号调查船，发现了海底裂谷处的几个热源，并测得了这里的水温高达 56℃，盐度高达 7.4% ~ 31.0%。一般在正常情况下，热带海面的水温最高只有 30℃，至于深层水域只有 4℃。红海海底裂谷处，水温高出正常值十几倍，盐度高出 2 ~ 9 倍，实在令人惊讶。

将整片海水变成红褐色，有时连天空、海岸，都被映照成一片红色。

## ⛵ 年轻的海

　　红海是个年轻的海。大约 2000 万年前，阿拉伯半岛与非洲这两个板块漂移和彼此分离，诞生了红海。现在还可以看出，红海两岸的形状类似，这是大陆被撕开留下的印迹。非洲板块与阿拉伯板块间的裂缝，沿红海海底中间穿过。在近 300 万至 400 万年来，两个板块仍在进行分裂，两岸平均每年以 2.2 厘米的速度向外扩张。持续扩张的红海，将来可能成为新的大洋。

# 世界上最大的内海——加勒比海

　　加勒比海是位于南美大陆、安的列斯群岛、中美地峡之间的陆间海，也是大西洋的附属海。加勒比海面积为 270 多万平方千米，是世界上最大的内海。

## "美洲地中海"

加勒比海同地中海一样，是世界上著名的航海枢纽。它经过巴拿马运河连通大西洋和太平洋，又是南、北美洲之间的海上必经之路，因而有"美洲的地中海"的称誉。加勒比海沿岸有30多个国家和地区，总面积470多万平方千米，人口约一亿一千万人。这个地区的矿产资源很富足，并且是拉丁美洲三大渔场之一。

## 沿岸国最多的大海

加勒比海是沿岸国家最多的大海，在全世界50多个海中，沿岸国家数量达到两位数的只有地中海和加勒比海。地中海有17个沿岸国，加勒比海有20个沿岸国，包括中美洲的危地马拉、尼加拉瓜、洪都拉斯、哥斯达黎加、巴拿

　　加勒比地区主要以热带植物为主。环绕潟湖和海湾有最挑剔生长环境的红树林，沿海地带有椰树林，各岛普遍生长仙人掌和雨林，珍禽异兽种类繁多。加勒比旅游业持续稳定发展，该地区已成为北半球最佳的冬季避寒胜地，全球顶尖的度假天堂。

马，南美洲的哥伦比亚和委内瑞拉、大安的列斯群岛的古巴、海地、多米尼加共和国以及小安的列斯群岛上的安提瓜和巴布达、多米尼加联邦、特立尼达和多巴哥等。

# 世界上最大的海——珊瑚海

　　珊瑚海因有大量珊瑚堡礁和环礁而得名，世界有名的大堡礁就分布在这个海区。珊瑚海总面积达 479.1 万平方千米，是世界上最大的海，相当于半个中国的国土面积。

## 色彩缤纷的世界

　　在珊瑚海的浅海海域，发育了庞大的珊瑚群体，构成了一个个色彩缤纷的珊瑚岛礁，镶嵌在绿波荡漾的海面上，构成了一幅幅瑰丽的画面。这里曾是珊瑚虫的天下，它们鬼斧神工，留下了世界上最大的堡礁。大量的环礁岛、珊瑚石平台，像天女散花，星星点点散落在宽广的海面上，因此得名珊瑚海。

## 清澈似钻的水皇宫

　　珊瑚海的海底地形大致由西向东倾斜，平均水深 2394 米，绝大部分水深 3000 ~ 4000 米，最深处可达 9174 米，正因为如此，它也是世界上最深的一个

珊瑚并不是植物，而是海洋里的一种低级动物，一块珊瑚里面往往包含成千上万亿个珊瑚虫。在海水中，活的珊瑚五彩斑斓，黄的、绿的、紫的、红的，鲜艳夺目，被称为海底之花。珊瑚虫个体很小，需要借助显微镜才能看清。它没有眼睛、鼻子，感觉器官只有灵敏的触手。触手随水流慢慢漂动，自由地伸缩，捕食一部分浮游生物及悬浮颗粒。当受到惊吓时，珊瑚虫就会立即将触手缩回藏起来。

海。海水非常清澈，珊瑚海海水的含盐度和透明度都很高，水呈深蓝色。珊瑚海水质污染小，是因为在珊瑚海的周围几乎没有河流注入。

## 造礁本领强

体内含有石灰质的珊瑚才有造礁的本领，如石珊瑚、鹿角珊瑚、多枝蔷薇珊瑚等。珊瑚体内的虫黄藻对造礁也作出过贡献，它是一种个头小的单细胞藻，1000个虫黄藻在一起，才有一粒米的大小。它在阳光下进行光合作用，吸收二氧化碳，释放新鲜氧气，把氮磷钾转化成有机物，给珊瑚虫供给营养，使珊瑚神奇多样，生气蓬勃。虫黄藻在环境变得阴冷的条件下，便逃之夭夭，珊瑚失去营养，马上就会黯然无光，枯萎而死。

现在，珊瑚海中保留了众多的珊瑚礁，说明在造礁的年代，这里不仅有大

量造礁珊瑚，还有旺盛的虫黄藻的繁殖生长，正是二者的成功合作，才使珊瑚海呈现出如此绚丽多彩的景象。

# 世界上最小的海——马尔马拉海

马尔马拉海史称普罗波恩蒂斯，又译马摩拉海。希腊语"马尔马拉"就是大理石的意思。马尔马拉海是世界上最小的海，同时它又是土耳其的内海，是土耳其亚洲和欧洲部分分界线的一段，其东北经博斯普鲁斯海峡与黑海相通，西南经达达尼尔海峡与爱琴海相连。

### ⛵ 深浅悬殊的海底

马尔马拉海东西长 270 千米，南北宽约 70 千米，面积 1.1 万平方千米，相当于我国 4.5 个太湖的大小。马尔马拉海是欧亚大陆之间断层下陷被海水漫漫没过而形成的内

> **知识链接**
>
> 跨域辽阔的马尔马拉海，是世界上强地震多发地区之一。这里水下地壳破碎，火山、地震频繁，世界著名的维苏威火山、埃特纳火山就分布在这里。

海。马尔马拉海海底崎岖不平，海岭和海盆交错分布，海水平均深度 183 米，最深处可达 1335 米。

## 独树一帜的气候类型

马尔马拉海冬季受盛行的西风带控制，气候温和，最冷月平均气温在 4℃ ~ 10℃，降水量充沛。夏季受副热带高压控制，气流下沉，气候炎热干燥。全年降水量 300 ~ 1000 毫米，冬半年占 60% ~ 70%，夏半年占 30% ~ 40%。冬季温和多雨、夏季炎热干燥的气候特征，在世界各种气候类型中，可谓独树一帜。

# 世界上最浅的海——亚速海

亚速海是俄罗斯和乌克兰交接的一个被克里木半岛与黑海隔离的内海，乌克兰独立以后，它成为俄乌两国的"公海"。亚速海平均深度为 8 米，最深处仅 14 米，是世界上最浅的海。

## "营养丰富"的亚速海

亚速海的两条支流顿河和库班河携带大量泥沙，在两河的入海口塔甘罗格湾水深不过 1 米。由于大河的流入使海水盐分降低，在塔甘罗格湾处几乎全是淡水。因海水浅，咸淡水混合状态极佳且温暖，河流带来大量营养物质，因而海洋

知识链接

亚速海属温带大陆性气候。冬季严寒，夏季炎热，常伴有雾。一般情况下，北岸海面在 12 月至第二年 3 月结冰。海流以逆时针方向沿海岸环流。由于每年河水注入量不同，亚速海的年平均水平面差别高达 33 厘米。潮汐时水平面上下波动可达 5.5 米。

生物丰富，沙丁鱼特别多。

## ⛵ 你争我夺的亚速海

1991 年苏联解体后，俄乌两国对划分海上边界问题存在重大分歧。乌方认为，必须根据国际法划分亚速海、黑海和刻赤海峡的水域，以确定相关国家的主权归属。俄方主张，在亚速海和刻赤海峡只划分海底边界，不划分水面边界。俄方还建议把亚速海和刻赤海峡确定为两国的领水。由于乌俄双方分歧严重，虽经多次谈判，但一直未能达成共识。

## ⛵ 亚速海的"围裙"

亚速海的客货运量都很大，主要港口有塔甘罗格、马里乌波尔、叶伊斯克和别尔江斯克。有两条运河分别连接亚速海与里海和伏尔加河。亚速海的西、北、东岸皆为低地，漫长的沙洲、很浅的海湾、起伏的高地，所有的这一切就像是亚速海的"围裙"。

▲马尾藻海

# 世界上透明度最大的海——马尾藻海

马尾藻海又称萨加索海，是一个"洋中之海"，它围绕着百慕大群岛，与大陆毫无瓜葛，所以它虽名为"海"，但实际上并不是严格意义上的海，只能说是大西洋中一个特殊的水域。

## 🛥 海洋上的"坟墓"

马尾藻是一种海洋生物，是海藻的一种。在大西洋中部有一片全是马尾藻的海面，被称为"魔藻之海"。在帆船时代，不知有多少船只因为误入这片奇特的海域，被马尾藻死死缠住，船上的人因水和食品用尽而无一人生还，于是人们便把这片海域称为"海洋上的坟墓"。

知识链接

世界上的海大多处于大洋的边缘，都与大陆或其他陆地毗连。然而，马尾藻海却是一个"洋中之海"，它的西边与北美大陆隔着宽阔的海域，其他三面都是广阔的洋面，所以它是世界上唯一没有海岸的海，因此也没有明确的海陆分界线。

## ⚓ 最透明的"洋中之海"

马尾藻海远离江河河口，浮游生物很少，海水湛蓝碧透，透明度达 66.5 米，个别海区可达 72 米。因此，马尾藻海又是世界上海水透明度最高的海。世界上没有一处海洋有比它高的透明度，这是所有其他海区所望尘莫及的。

马尾藻所处的地理位置比较奇特，它处在大西洋副热带高压中心，沿着高压中心的边缘经行的顺时针大洋环流形成了它的"海岸"，西、北为墨西哥湾暖流，东为加那利寒流，南为北赤道暖流，中间围成了一个面积达 645 万平方千米、平均深度为 4500 米以上的海区。

# 世界上岛屿最多的海——爱琴海

爱琴海是地中海东北部的一个独特的区域，位于地中海东北部、希腊和土耳其之间。爱琴海是世界上岛屿最多的海，所以爱琴海又有"多岛海"之称。爱琴海是黑海沿岸国家通往地中海、大西洋、印度洋的必经水域，在航运、贸易和战略上有重要的地位。

## ⚓ 浪漫的海中之岛

爱琴海海岸线非常曲折，港湾众多，岛屿星罗棋布，约有 2500 个，这些岛屿可以划分为七个群岛：色雷斯海群岛、东爱琴群岛、北部的斯波拉提群岛、基克拉泽斯群岛、萨罗尼克群岛、多德卡尼斯群岛和克里特岛。埃吉那岛是距离雅典最近的一个岛屿，航程仅需

> **知识链接**
>
> 爱琴海的很多岛屿和岛屿群实际上是陆地上山脉的延伸。一条岛屿群延伸到了希奥岛，另一条岛屿群经埃维厄岛延伸到萨摩斯岛，还有一条从伯罗奔尼撒半岛经克里特岛到罗德岛，此条岛屿群将爱琴海和地中海分开。

▲ 爱琴海

### 白色世界的天堂

波罗斯岛是一座风光旖旎的岛上山城，岛上的建筑多为白色，样式古朴。以"天堂海滩"和"风车岛"而闻名世界的米克诺斯岛是爱琴海群岛的代名词。窄巷、白色的小屋、或红或绿或蓝的门窗、白色的教堂，海滨广场旁白色圆顶教堂不远处的几座风车磨坊，更使它成为各岛中的佼佼者。

一个半小时。传说宙斯最动人的情妇就隐居在这个像人间仙境的地方。萨拉密斯拯救希腊城让这座海岛名声大噪。在爱琴海，我们可以欣赏到世界上最美的落日，听着古老的传说，享受地中海的阳光和沙滩。

## ⛵ 葡萄酒色之海

爱琴海还有一个非常浪漫雅致的名字——葡萄酒色之海。春夏二季，在阳光下的爱琴海水呈现一种晶莹剔透的颜色，清澈中泛着耀眼的金色，到傍晚时，海水就会变成与杯中葡萄酒一样的绛紫色，在盛夏的晴空下，徜徉在此地，定会令人心旷神怡。

# "死神居住地"——百慕大海域

百慕大海域位于北大西洋西侧的马尾藻海，是由英属百慕大群岛、美属波多黎各及美国佛罗里达州南端所形成的三角区海域，面积约390万平方千米。

魔鬼三角地狱

　　1945 年 12 月 5 日美国 19 飞行队在执行训练时突然失踪，当时预定的飞行计划是一个三角形，于是人们后来把西大西洋上北起百慕大，延伸到佛罗里达州南部的迈阿密，穿过波多黎各的圣胡安，再折回百慕大，形成的一个三角形地区，称为百慕大三角区或"魔鬼三角"。

趣味故事

### 百慕大三角的"死人复活"

　　百慕大三角在世人的心目中比魔鬼还可怕，这个恐怖的海域吞噬了太多人的生命，但是也有人在百慕大"死"而复生。1989 年 2 月 26 日，一艘巴拿马渔船在百慕大三角区南捕鱼，渔夫发现一个白色浮袋，拉出海面一看，里面竟是一个活人。这个人于 1926 年死于癌症，医生们费尽周折也找不出他"死而复生"的原因，他自己也不明所以。

# 世界上最大的海湾——孟加拉湾

　　孟加拉湾位于印度洋东北的海域，四周为斯里兰卡、印度、缅甸和孟加拉国，是印度洋的附属海，也是世界上最大的海湾。

### 印度洋的一个海湾

　　孟加拉湾西嵌斯里兰卡，北临印度，东邻缅甸和安达曼群岛—尼科巴群岛，南面以栋德拉高角与乌累卢埃角的连线为界。孟加拉湾南部边界线

孟加拉湾是孕育热带风暴的港湾。通常情况下，风暴大多发生在南、北纬度5°～25°的热带海域。产生在西太平洋的台风，一般袭击菲律宾、中国、日本等国；产生在大西洋的飓风，常常袭击美国、墨西哥等国。每年4～10月，热带风暴活动频繁，猛烈的风暴常常伴着海啸，掀起滔天巨浪，对孟加拉湾沿岸造成巨大的灾害。

长约1609千米，宽约1600千米，面积为217万多平方千米，平均水深为2586米，最大深度5258米，总容积为561.6万立方千米。

## "U"字形的深海盘

孟加拉湾的深海盘大致呈"U"字形，深度达4500米。盆底有很直、长达5000千米的海脊，其北端覆盖着恒河三角洲的沉积物，三角洲分布着树枝状的沟渠。如此，沉积物可以运移到较远的深海盆。

# 索马里海盗常出没的地方——亚丁湾

亚丁湾是指印度洋在也门和索马里之间的一片水域，它通过曼德海峡与红海相连，是波斯湾石油运往欧洲和北美洲的重要水上航线，也是全球海盗活动猖

### 最危险的海域——索马里

索马里被国际海事局列为世界上最危险的海域之一，其原因就是索马里海盗的存在。索马里自1991年以来一直持续不断的发生战乱，沿海地区海盗活动猖獗。这些海盗大多是由于生活贫困、为谋求生路而走上这条道路的。亚丁湾是世界海运的"黄金水道"，是船只快速来往地中海和印度洋的必经水路，又是波斯湾石油运往全球的重要通道，每年经过亚丁湾的船只为索马里海盗提供了大量下手的目标。

獗的主要区域之一。

## ⚓ 扼守中东的 "咽喉"

亚丁湾西侧有两个世界著名的海港，即亚丁港和吉布提港，是印度洋通向地中海、大西洋航线的重要燃料港和贸易中转港，扼守着地中海东南出口和整个中东地区，是来往苏伊士运河的咽喉，具有重要的战略地位。

# 有 "世界油极" 之誉——波斯湾

波斯湾是阿拉伯海北部的海湾。波斯湾源于波斯，斯特拉波是公元 1 世纪的地理学家，是他第一次用波斯湾来称呼这一地方。

## ⛵ 天然石油宝库

波斯湾地区是世界上石油产量最大，且生产和输出石油最多的地区。已探明的石油储量占全世界石油总储量的一半以上，年产量占全世界总产量的1/3，素有"石油宝库"之称。湾底与沿岸为世界上石油蕴藏最多的地区之一。所产石油，经霍尔木兹海峡运往世界各地。

### 知识链接

波斯湾是世界石油的通道，在海湾及其周围100平方千米范围内，是一条巨大的石油带，堪称"石油王国"。波斯湾虽是石油宝库，但它给该地区带来经济利益的同时，也带来了战乱和灾难。外来势力的渗透和争夺，加上内部矛盾交织在一起，使波斯湾局势长期动荡，战火不断，对当地人民乃至整个国际形势都有着很大影响。

### 拓展阅读

#### 海湾的天然屏障

波斯湾呈狭长形，西北—东南走向。伊朗沿岸，南部山地，岸线平直，海岸陡峻；北部海岸平原，岸线曲折，多小港湾。阿拉伯半岛沿岸为干燥的沙漠，局部有盐沼。东南部为霍尔木兹海峡，湾口多岛屿，格什姆岛、大通布岛、小通布岛等岛紧扼湾口，构成海湾的天然屏障。

# 非洲最大的海湾——几内亚湾

几内亚湾是大西洋西非沿岸的海湾，它西起利比里亚的帕尔马斯角，东至加蓬的洛佩斯角，是大西洋的一部分。

## ⛵ 最具潜力的第一大海湾

几内亚湾是非洲最大的海湾，沿岸国家和地区拥有丰富的石油资源，目前已探明的石油储量在 800 亿桶以上，约占世界总储量的 10%。几内亚湾与中东的波斯湾一样，因石油而成为世界关注的热点地区。几内亚湾石油资源潜力巨大，目前几内亚湾探明拥有油气资源的国家包括尼日利亚、赤道几内亚、加蓬、喀麦隆、刚果、圣多美、安哥拉和普林西比以及靠近几内亚湾的乍得等国。

> **知识链接**
>
> 在众多的产油地区中，几内亚湾地区成为全球能源一张新的王牌。为什么几内亚湾的石油受到各国如此青睐呢？
>
> 首先，西非地区地理位置优越。这里的油田大都分布在离岸十几千米至几十千米的大西洋沿岸和近海海域，可躲避一些国家的政治、社会动乱，而且向外运输方便。其次，几内亚湾地区石油品种多，品质高。石油品种多达 40 多种，大多属于低硫的高品质石油，易于提炼成为汽车燃料。最后，西非石油"由若干彼此没有历史联系的国家分享"，加上这些西非国家同美国政治关系普遍良好，不大可能联合起来对美国实行"禁运"。

# 世界最大暖流的源地——墨西哥湾

墨西哥湾位于美国、墨西哥和古巴之间，是北美洲大陆东南沿海水域。

## ⛵ 没有严寒的暖冬

墨西哥湾暖流也叫湾流，湾流是世界第一大暖流，它携带的热水量是世界所有河流总量的 120 倍。据估计，湾流每年向西北欧海岸输送的热量，相当于每千米燃烧 600 万吨煤炭所释放出的能量，使西北欧地区的气候变得温润，冬季没有严寒。

## ⛵ 美国最温暖的地方

墨西哥湾的佛罗里达半岛，南北长 600 多千米，东西宽 200 千米。西班牙人彭赛·德·雷翁发现此岛时，看到半岛盛开着绚丽多彩的鲜花，便将此岛命名为"佛罗里达"，西班牙语意为"鲜花"。这里是美国最温暖的地方，冬季仍达 15℃，是最适合避寒的旅游胜地。

墨西哥湾处于热带和亚热带,高温多雨,降水丰沛。这里的暖水经佛罗里达海峡流出,成为墨西哥暖流的重要水源。墨西哥湾的潮汐,是每日一涨一落完成一个周期的全日潮;潮差通常很小,只有在台风季节,潮水受台风的影响而引起海水持续不断上升,成为风暴潮,水位有时高达5米,会对沿岸低地造成威胁,湾北岸的风暴潮尤其多。

# 有 "世界水族馆" 的美誉——加利福尼亚湾

加利福尼亚湾也叫科尔特斯海,是墨西哥西北的狭长海湾,也是太平洋深入北美大陆的狭长边缘海。

## 第二个红海

加利福尼亚湾有第二个红海的美誉,它被安赫尔德·拉瓜尔达岛和蒂布龙岛两大岛的地峡分成两部分,北部水浅,南部水深在2500米以上,最深处为3218米。地峡地段有波澜壮阔的海潮,成为萨尔西普埃得斯的险峻地区,

不利于航行。加利福尼亚湾海底峡谷向北延伸到陆地上,形成索尔顿湖盆地,湖岸低于海面75米。海面漂浮着红色藻类因而也有红海之称。

### 印象深刻的自然美——加利福尼亚群岛

加利福尼亚湾群岛位于墨西哥东北部,包括244个岛屿和海岸区。加利福尼亚湾和它的岛屿在这里作为研究物种形成的自然实验室,为海洋科学家提供了极其重要的研究场所。由悬崖和沙地海滩构成的令人难忘的自然美环境,使人流连忘返。

# 洒落在海洋中的珍珠

一般认为，一块陆地被海水环绕，就可以称它为海岛，海岛可以是群岛、列岛、岛、屿、沙、礁、洲、山、峁、石、暗沙等，世界上的海岛不计其数。海岛是人类开发海洋的远涉基地和前进支点，是第二海洋经济区，它就像是海洋中洒落的珍珠，对每个国家来说，都至关重要。

## 一座典型的火山岛——韩国济州岛

济州岛，亦称奎尔帕特岛，位于东海，包括 26 个小岛。岛形椭圆，由火山物质构成，是韩国最大的岛屿，整个济州岛就是一座山。

### ⛵ 不一样的火山岛

济州岛是一座典型的火山岛，是 120 多万年前火山运动而形成的岛屿，岛中央是海拔 1951 米的韩国最高峰——汉拿山，汉拿山是通过火山爆发而形成的，是

马罗岛

　　济州岛附近的马罗岛是韩国最南端的岛屿。1978 年韩国政府在马罗岛上立有"大韩民国最南端"的碑石，表明马罗岛是韩国最南端的岛屿，它既是韩半岛的起点，又是终点。

一个典型的火山口，火山口附近聚集有 420 余种很有学术研究价值的温带植物。

## 韩国夏威夷

　　济州岛属于海洋性气候，素有"韩国夏威夷"之称，以百计的丘陵、瀑布、悬崖、熔岩、隧道吸引着世界各地的游人，济州是韩国唯一对中国团体游客实行免签证入境的地区。这里是世界上拥有熔岩洞窟最多的地区，目前被确认的洞窟数达 80 多处。

## 浪漫的蜜月之岛

　　济州岛有"蜜月之岛""浪漫之岛"的美誉，世界各地的新婚夫妇纷纷来到这里度过他们浪漫的蜜月生活。和蔚蓝的大海为邻，与白色的沙滩为伴，设施完备的海水浴场吸引着游客。岛上的汉拿山，四面临海，奇岩怪石、瀑布和旅游景区交相辉映。

# 被誉为"日本夏威夷"——日本冲绳岛

　　冲绳岛位于琉球群岛中央，日本本土和中国台湾地区之间，是重要的军事基地。

## 第一大岛

　　冲绳岛是群岛中最大的岛屿。长 106 千米，最宽处 31 千米，面积 1182.5 平

**趣味故事**

### 冲绳的新生

冲绳原叫"琉球","冲绳"是日本人百余年前取的名字。琉球群岛上过去还有琉球国，100多年前琉球国还有着自己的语言。琉球国是明朝时期主要的朝贡国，明朝时期曾封琉球岛统治者为琉球王。因着水路之便，成为邻近国家的贸易枢纽，后被日本占领，第二次世界大战后又被美国占领，1972年美国将琉球诸岛归还给日本。琉球群岛也被鹿儿岛县与冲绳县一分为二，合并成立新的冲绳县。

方千米，人口约94万人。北部为山地，占全岛2/3，南部多为台地和平原，以农业为主。

## 东方夏威夷

冲绳岛地理位置很独特，它具有日本少有的亚热带风光，岛上成林的棕榈树、槟榔树和沙滩、海水构成了一幅美丽的图景，观光者身处具有亚热带风情的美丽海滩，有种置身于夏威夷的奇妙感受。

## 海中的净土

冲绳是日本人心中的香格里拉，是海中的一片净土。距离中国也很近，从上海飞到

### 一片南国风光——那霸

那霸位于冲绳岛南部西海岸，面积37.17平方千米。早在14世纪中叶那霸已经是贸易港口，二战时毁于战火，后又重建。战后由美军占领，1972年归还给日本。那霸景色宜人，属于亚热带旅游区，有很多棕榈树和槟榔树、琉球松、鲜艳的各色鲜花，这些配上湛蓝的大海和白云朵朵的天空，完全是一派南国风光。

冲绳仅需1小时40分钟，比东京到冲绳还要近。冲绳岛、夏威夷、迈阿密、巴哈马被喻为世界四大海滨观光胜地。

# 拥有万种风情的花之岛——印尼巴厘岛

巴厘岛，行政上称为巴厘省，是印度尼西亚33个一级行政区之一，也是著名的旅游胜地。巴厘岛是印度尼西亚唯一信奉印度教的地区。

## 美丽的花之岛

巴厘人天生爱花，到处用花来装饰，所以该岛有"花之岛"之称。岛上地势为东高西低的山地，海拔3142米的阿贡火山，是岛上的最高点。该岛拥有景色最美的海滨浴场，如沙努尔、努沙杜尔和库达等处的海滩。这里湛蓝清澈的海水、细软宽阔的沙滩，每年来此游览的各国游客络绎不绝。

## 神仙岛

巴厘岛面积约5620多平方千米，人口约280万人，是印度尼西亚著名的旅游区。巴厘岛距首都雅加达约1000多千米，与爪哇岛隔海相望，相距仅1.6千米。该岛由于地处赤道，受海洋的影响，气候温和多雨，土壤肥沃，绿树成荫，万花

### 印度文明造就的黄金时代

大约公元 10 世纪时，印度文明影响全东南亚，巴厘岛也毫无疑问地深受其影响，印度文明经过爪哇岛传入巴厘岛，提供了后来巴厘文学、艺术、社会组织和政治的雏形。13 世纪时，信奉印度教的爪哇人开始统治巴厘岛；公元 1515 年伊斯兰教入侵爪哇，促使了大批信奉印度教的民众逃亡到巴厘，开创了 16 世纪巴厘的黄金时代。

烂漫，蓝天白云，是举世闻名的旅游岛。

## 千寺之岛

巴厘岛是印尼唯一信仰印度教的地方。巴厘岛印度教同印度本土的印度教大不相同，这里的印度教是教义和巴厘岛风俗的融合，称为巴厘印度教。居民主要供奉创造之神梵天、守护之神毗湿奴、破坏之神湿婆和佛教的释迦牟尼，还祭拜太阳神、水神、火神、风神等。教徒家里设有家庙，家族组成的社区设有神庙，村设有村庙，全岛庙宇多达 12.5 万座，因此，该岛又有"千寺之岛"的美称。

# 旅游与娱乐业的璀璨明珠——新加坡圣淘沙岛

圣淘沙岛位于新加坡本岛以南 500 米处，面积为 3.47 平方千米，是新加坡本岛以外的第三大岛。原名为绝后岛，在圣淘沙岛殖民统治时期为英国的军事基地，1972 年改名，变成一个度假岛屿。

## 处处皆美景

在圣淘沙，自然美景随处可见。偶遇孔雀、猴子和松鼠等野生动物也是再平常不过的事情。到英比亚山天然保护区的自然小径走一遭，来到英比亚山峰，可以鸟瞰美丽的海景与附近的岛屿。新加坡海底世界和海豚乐园是最接近自然界生物的好去处，在这里可以亲近粉红色海豚和其他海洋生物。也可以到蝴蝶公园与昆虫王国去游玩，那里有 50 多种、2500 多只蝴蝶和其他罕见的昆虫。

## 浪漫的巴拉湾海滩

圣淘沙岛四面环海，其中，巴拉湾海滩最引人入胜。横跨巴拉湾海面连接

知识链接

鱼尾狮塔位于圣淘沙，高 37 米，是新加坡的旅游标志。塔顶呈现 360 度无障碍的视野，可以眺望新加坡的市貌及周围小岛的美景。站在 Carlsberg 摩天塔上从高空鸟瞰美景，摩天塔的巨型缆车可一次运载 72 人到高空，欣赏 7 分钟的美景。

## 趣味故事

### 祈福的神殿

龟屿岛又称山顶岛，是新加坡仅次于圣淘沙岛的度假胜地，由最初两片狭小的礁岩层经过填土发展而来，目前成为面积8.5万平方米的岛上度假村。传说有只神奇的海龟为了拯救遇难跌入海中的两位渔民而变成了小岛，以供渔民栖身。渔民在岛上建造了大伯公庙和马来神殿来纪念海龟的义行。如今每逢农历九月，众多信徒纷纷前来，向岛上的大伯公庙进香拜祭，祈求一家人健康、平安、财运亨通。

一方小岛的吊桥，是这里一个吸引人的景点，过吊桥到亚洲大陆最南端可以眺望美丽的南海。丹戎海滩最适合那些喜欢在沙滩上度过宁静午后的人，任丝丝凉风轻抚。坐在清凉的树荫下，惬意地翻阅书刊，那份悠然让人称羡。夜幕降临，满天繁星，远处的船灯在黑夜的海上一闪一闪，与天上的星星遥相呼应，景致颇为浪漫。

### 国际主题活动首选地

近年来，举行国际性主题活动通常会将圣淘沙作为首选地点。首先，圣淘沙有长达3.2千米的海滩，可以提供各样的水上与地面活动，让人尽情娱乐。其次，周末的海边小酒店也热闹非凡。西罗索海滩美丽洁白，沙滩排球爱好者也很喜欢这里，会在这里过一过海滩排球瘾。

## 天然海洋公园——菲律宾图巴塔哈群礁

图巴塔哈群礁位于菲律宾西南部巴拉望岛普林塞萨港以东约180千米处，由南、北两大珊瑚礁盘组成。图巴塔哈群礁面积为332平方千米，这里有浑然天成的图巴塔哈群礁海洋公园。

### 鸟岛天堂

图巴塔哈群礁北部礁盘长约16千米，宽约4.5千米，呈椭圆形，退潮时有

拓展阅读

### 图巴塔哈群礁开发计划

　　图巴塔哈群礁上没有永久性居民，捕鱼季节到来时，渔民就在岛上搭建临时帐篷，来此季节性捕鱼。1991 年，菲律宾开始草拟图巴塔哈群礁的开发和管理计划，于 1992 年 6 月通过了草案。1997 年 3 月 31 日，联合国教科文组织也讨论了菲律宾图巴塔哈群礁的开发计划，主要议题是怎样通过长期治理达到保护和利用图巴塔哈群礁资源的目的。

一部分露在海面外，形成高出海面 1 米左右的"鸟岛"，栖息于"鸟岛"之上的各类水鸟吸引众多游人前来此地观赏。在珊瑚礁沙滩上黑燕鸥和黑背燕鸥正在筑巢，海龟正在挖深洞用来产卵。马齿苋、狗尾草等植物遍布小岛，海藻有 45 种之多。

## ⚓ 海洋生物形态各异

　　图巴塔哈群礁南部礁盘面积 260 平方千米，被一条宽约 8 千米的海峡一分为二。生长着形态万千、多种多样的海洋生物，有颇为吸引人的长吻双盾尾鱼、银光笛鲷鱼、海蛇、1 米长的大青鲨、略带纹理的海豚、体型巨大的鲅鳒等。

# 一座著名的度假岛——泰国普吉岛

　　普吉岛位于泰国南部马来半岛西海岸外的安达曼海。它是泰国最大的海岛，也是泰国最小的一个府，以其迷人的风光和丰富的旅游资源闻名于世。

## ⛵ 安达曼海上的一颗明珠

普吉岛是一个由北向南延伸的狭长岛屿，普吉岛面积的 70% 为山丘，有少量盆地，还有 39 个离岛。普吉岛离曼谷 867 千米，是泰国境内唯一具有省级地位的岛屿。它有着深远的历史和文化，被誉为安达曼海上的一颗明珠，是泰国主要的度假胜地。

**拓展阅读**

### 游人如织的皮皮岛

皮皮岛位于泰国南部的安达曼海，由大皮皮和小皮皮两个姊妹岛组成，这片美丽海域是怒江的入海口。游客们一般住在大皮皮岛上，两座岛之间有一条"走廊"，很多旅店、餐厅、酒吧、潜水学校、旅行代理和小摊贩都分布在小巷左右，这里是皮皮岛最热闹的地方。走廊两边有罗达拉木湾和通赛湾两个漂亮的海湾。

### ⛵ 山丘"演变"的普吉岛

"普吉岛"一语源自马来文,"普吉"就是山丘的意思。全岛南北纵长 48 千米,东西最宽达 21 千米。岛的北方以攀牙湾为界,与 490 米宽的巴帕运河连接。穿过查差码头和攀牙的塔侬码头及萨拉辛桥,就能登上普吉岛。

# 印度洋上的明珠——马尔代夫群岛

马尔代夫是位于南亚的印度洋上的岛国,由 26 组珊瑚环礁、1200 多个珊瑚岛屿组成,是世界上最大的珊瑚岛国。

### ⛵ 蓝色洋面上的翠玉明珠

马尔代夫群岛位于斯里兰卡南方约 650 千米的海域里,1000 多个岛屿由北向南经过赤道纵列,形成一条长长的礁岛群带。这些岛屿都是由古代海底火山喷发形成的,有的中央突起成为沙丘,有的则中央下陷成为环状珊瑚礁圈。

若搭乘小飞机遨翔于马列南、北环礁,从空中俯瞰马尔代夫,可看见一座座如花环般的小岛散落在无际的海面上。岛上绿意盎然,而周围的海水则由近岸的白色、浅蓝到远处的湛蓝,渐次铺陈开去。放眼望去,一座座绿岛犹如从天际抖落在蓝色洋面的一块块翠玉明珠,煞是好看。

**趣味故事**

#### 浪漫的邂逅

你知道马尔代夫最奢华的水上屋吗?索尼娃姬莉岛的水屋是世界上最奢华的水上屋,在岛上有 7 座孤悬在海面上、不与岛屿连接的水屋别墅,非常神奇。这些豪华水屋的建造有一段浪漫的故事:据说,数年前一位印度富商和一位瑞典名模在马尔代夫相恋。为了纪念这场美丽的邂逅,富商就斥资建起这座奢华酒店,并且以爱侣的芳名"索尼娃"命名。

▲马尔代夫群岛

## ◢ 浪漫的水上屋

如果说马尔代夫群岛是印度洋上的明珠，那么水上屋就是马尔代夫的明珠。

水上屋的魅力来自它近乎原始的建造样式：每间木屋都是独立的，斜顶木屋的样式，茅草搭建的屋顶，借助钢筋或圆木柱固定在海面上。屋子与海岸大约相距 10 米，通过一座座木桥与岸边相连。由于水上屋直接建在蔚蓝透明的海水之上，所以在屋里方便饱览海里五彩缤纷的热带鱼、十分美丽的珊瑚礁，还能聆听海鸟鸣叫，观赏岸边雪白晶莹的沙滩和婆娑的椰树，这一切往往会让人产生返璞归真的感觉。

## ◢ 最适合度蜜月的岛

满月岛是马尔代夫群岛中最适合度蜜月的岛，是喜来登品牌在马尔代夫群岛的旗舰岛，也是中国人最熟悉的五星度假岛。岛上生长着众多鲜花，万紫千红，海滩客房隐藏在浓绿色的环境之中。游客可以躺在沙滩上晒太阳，或下海游玩，尽情享受碧海蓝天。

# 南太平洋的交通枢纽——斐济群岛

斐济群岛位于西南太平洋中心，是南太平洋地区的交通枢纽。陆地总面积为 1.8 万多平方千米，由 332 个岛屿组成，多为珊瑚礁环绕的火山岛，其中 106 个岛有人居住，主要有维提岛和瓦鲁阿岛等。

## ◢ 岛国的交通枢纽

斐济为太平洋岛国地区交通要道，海陆空都很发达。首都苏瓦港是南太平洋的"十字路口"，也是重要的国际海港，可泊万吨轮。苏瓦的瑙索里机场可停靠波

音 737 飞机，楠迪机场可起降波音 747 等大型客机。斐济太平洋航空公司是一家
国际航空公司，有 6 架飞机，经营澳、新、日、美、瓦努阿图、萨摩亚、图瓦卢、
汤加和所罗门等航线。斐济航空公司、向日葵航空公司主要运营国内岛屿间航线。

## ⚓ 靠近赤道也不热

斐济靠近赤道，在人们的观念中，这里一定是一个非常炎热的地区，其
实不然。斐济一年分为两季：5 ~ 10 月为干季，受东南风影响，气温一般在
18℃ ~ 27℃；11 月至次年 4 月为湿季，气温一般在 23℃ ~ 30℃。1 ~ 2 月是斐
济最容易遭受热带季风影响的季节。只要没有飓风，斐济全年冷热适中，气候适
宜，风调雨顺。

# 人间仙境的完美诠释——毛里求斯岛

毛里求斯岛是位于印度洋西部的火山岛，南北长 61 千米，东西宽 47 千米，面
积为 1865 平方千米，占毛里求斯国土面积的 90% 以上。

### 半当地化的洗礼

毛里求斯岛有 100 多万名居民，其中有印度、巴基斯坦人的后裔，欧非混血、克里奥人和少数华裔和欧洲人后裔。岛上有 3 万多名华侨和华人，主要来自广东省梅县的客家人。如今，这些客家人只知道自己的祖先是中国人。这些人的名字都是在姓氏后加上受洗礼后的名字以及父亲的姓，他们大都半当地化了。

## 两大洋间的天然良港

毛里求斯首都路易港始建于 1735 年，位于毛里求斯岛西北海岸，它不仅是全国的政治、文化和经济中心，同时也是毛里求斯的最大海港，年吞吐量达 300 多万吨。路易港三面环山，景色优美，是一个天然良港，地处南大西洋和印度洋之间的航道要冲。

如果到了路易港，不能不看这里的"火上舞蹈"——一名印度人赤着脚在炭火上起舞，让人既兴奋又刺激。这里有著名的威廉炮台，从炮台上可俯瞰路易港全貌。在当地的自然博物馆内，还存有多多鸟的骸骨，多多鸟是毛里求斯特有的

鸟类物种，可惜现在已经灭绝。另外，路易港还有一个仿古大庄园，里面设有仿古蔗糖制造厂及酿酒厂，游人可以在此看见毛里求斯昔日的面貌和生活方式。

## ⛵ 天堂的原乡

毛里求斯素以风光旖旎著称于世，白色的沙滩和湛蓝的海水干净得出奇，欧洲富豪把它称为"欧洲的后花园"。大文豪马克吐温曾经说过："上帝先创造毛里求斯，再依此创造了伊甸园。"可见，毛里求斯是天堂的原乡，天堂原是仿照毛里求斯岛而建的。

# 邂逅人间仙境——塞舌尔群岛

塞舌尔群岛由 92 个岛屿组成，这些岛屿特点各异：阿尔达布拉岛是著名的

在塞舌尔群岛上，如果说塞舌尔是人间仙境，五月谷就是仙境里的伊甸园。五月谷坐落在普拉兰岛中心，它是世界上最小的自然遗产，面积仅有 0.195 平方千米。五月谷至今仍保留原始风貌，除了外围的防火林，所有植物都是天然生长。

龟岛，岛上生活着无数的大海龟；弗雷加特岛是一个"昆虫的世界"；孔森岛是"鸟雀天堂"；伊格小岛盛产各种五彩缤纷的贝壳。

## 独有 80 多种植物的植物园

塞舌尔群岛是塞舌尔共和国所在地，位于东非印度洋西南部。一年只有两个季节——热季和凉季，没有冬季。这里是一座庞大的天然植物园，有 500 多种植物，其中有 80 多种是只属于这里的独家植物。

## "混"到一定境界的血统

塞舌尔人是肤色各异的克里奥尔人，白、黑、棕、黄、红各种肤色都有。不管什么颜色，他们都自称为克里奥尔人。克里奥尔一词原意为"混合"，泛指世界上那些由葡萄牙语、英语、法语、非洲语言混合并简化后而生成的语言，使用这些语言的克里奥尔人，通常也是经过几代混血，他们可能同时拥有来自亚非欧的血统。

# 世界上最大最长的珊瑚礁群——澳大利亚大堡礁

大堡礁是世界上最大、最长的珊瑚礁群，纵贯于澳大利亚东北海岸，北起托雷斯海峡，南到南回归线以南，长度达 2011 千米，最宽处 161 千米。

> 在春季某个宁静的夜晚，大堡礁会出现最壮丽的景观。这里的珊瑚虫不知受何种化学物质或光线的诱发，会一齐向海面释放一片片橙、红、蓝、绿色的卵子和精子，使海水呈现鲜艳的色彩。然后卵子和精子混合在一起，生出幼珊瑚虫，随潮汐四散游开，寻找合适的空地建造新的珊瑚礁。

## ▲ 海底奇观——珊瑚礁

大堡礁有 2900 个大小珊瑚礁岛，自然景观非常奇特。大堡礁的南端离海岸最远有 241 千米，北端较靠近海岸，离海岸最近仅 16 千米。在落潮时形成的珊瑚岛在礁群与海岸之间是一条极方便的交通水路。风微浪稳时，游船在此间通过，船下绵延不断且姿态各异的珊瑚景色，吸引了世界各地的游客前来猎奇观赏。

## ▲ 堡礁是如何形成的

你可别小瞧直径只有几毫米的小动物珊瑚虫，它可是营造庞大堡礁"工程"

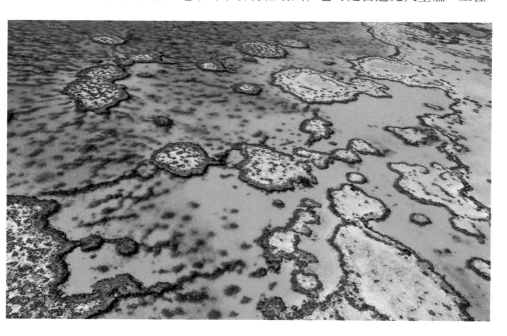

的"建筑师"。珊瑚虫体态玲珑，色彩高雅，适合生活在22℃～28℃且水质清洁的水域。澳大利亚东北岸外大陆架海域正具备珊瑚虫生殖繁衍的优越条件。珊瑚虫以海洋里细小的浮游生物为食，群体生活，能分泌出石灰质。新一代珊瑚虫在老珊瑚虫死后留下的遗骸上继续发育繁衍，年复一年，日积月累，珊瑚虫不断分泌的石灰质骨骼，连同藻类、贝壳等海洋生物残骸堆积在一起，形成一个个珊瑚礁体。

## ⚓ "慢工出细活"的建筑师

建造珊瑚礁的过程十分缓慢，礁体每年增厚3～4厘米。有的经历了漫长的岁月，礁岩厚度可达数百米。澳大利亚东北海岸曾经历过沉陷过程，使追求阳光和食物的珊瑚不断向上增长。

## ⚓ 碧绿的宝石

大堡礁水域有大小岛屿630多个，其中较为有名的岛屿有绿岛、丹客岛、磁石岛、海伦岛、哈米顿岛、琳德曼岛、蜥蜴岛、芬瑟岛等。大堡礁的一部分岛屿，实际上是淹在海中的山峰。空中俯瞰大堡礁，好像是散落在大海上的碧绿的宝石一般。这些独具特色的岛屿现都已开辟为旅游区，每年都会吸引无数游客。

# 澳大利亚的"世外桃源"——澳大利亚豪勋爵岛

豪勋爵岛位于太平洋西南部，是澳大利亚新南威尔士州属地。豪勋爵岛为火山岛，面积为17平方千米。

## ⚓ 豪勋爵群岛国家公园

豪勋爵岛上"深居"着举世闻名的"豪勋爵群岛国家公园"，它位于悉尼东北部 780 千米处，是一个南北向延展的狭长岛屿，其园内美景可谓美丽清醇自然。其实，该岛的形成是由于七百万年前的火山喷发。迄今为止，火山喷发的遗迹仍会出现于这块地理特征奇异的土地上。相传，豪勋爵群岛是由英国海军军官亨利·李奇伯德首先发现的，当时的军队经常路过这个岛屿，后来，该地被宣布为国家公园，以保护当地珍贵的动植物。

## 美丽的澳大利亚海岛

与豪勋爵群岛遥遥相对的是陡峭悬崖、丰富多彩的鸟类和拥有各种奇异花草的雨林，它们一起构成了"美丽的澳大利亚海岛"。在这里游人悠闲地漫步于

**拓展阅读**

### 备受保护的喜泽鹊

豪勋爵群岛生活着一种特别纤弱且经常出没于林区的特产鸟，叫喜泽鹊，它的外形比新西兰的几维鸟还要小，是一种很受重视的猎禽。据统计，在未加强保护时，喜泽鹊的数量仅有 30 只。为了保护喜泽鹊，设立了专门的护林员，他们在林中巡逻监视、喂养鸟、帮助鸟孵卵等。此外，他们还捕猎喜泽鹊的天敌——老鼠，来控制老鼠的数量。可喜的是，这些努力已经取得了成效：喜泽鹊的数量已经增长到了 220 只。

景色宜人的树丛中，或者伴着藏匿于沙滩、峡谷中小鸟动听的歌声，骑着脚踏车在树林中兜风，恍如进入一种美妙绝伦的仙境。

## 走入迷宫世界——希腊米克诺斯岛

米克诺斯岛是希腊爱琴海域中的一个小岛，它位于蒂诺斯岛和纳克索斯岛之间，靠近提洛岛，面积为 85 平方千米。

### ⛵ 首屈一指的梦幻气质

米克诺斯岛位于雅典东南面 95 千米处，它以其独特的梦幻气质在爱琴海诸岛中首屈一指。"米克诺斯"这个名字来自宙斯的孙子、半人半神的阿尼奥斯的

儿子米克诺斯。传说海神波塞冬就是搬起这块名为"米克诺斯"的巨大岩石打败了那些巨人。

## ⚓ 最引人注目的奇迹

米克诺斯岛的建筑是基克拉泽斯群岛上最引人注目的奇迹之一，但至今没有人能够清楚地说出这些建筑是怎样产生的。这些依山傍海而建的房屋，毫无规则地分布在岛上，房屋的外墙是白色的，门窗则是鲜艳的蓝、绿、红、橙等灿烂缤纷的色调，同纯粹的白形成了鲜明的对比。

## ⚓ 呼唤神明的家族式教堂

散布在米克诺斯岛全岛的是家族式的小教堂，其房檐下的铃铛在微风的吹拂下会发出清脆悦耳的声响，似乎是对传说中冥冥神灵的呼应。据称此岛上的教堂多达 365 座。这些教堂隐藏在狭小的街巷间，每隔几个民居或商店就会出现一座。教堂的屋顶五颜六色，小教堂是为了感谢神明保佑其丈夫、儿子出海捕鱼或经商后安然而归建造的。

## ⚓ 总能走出的"迷宫"

米克诺斯镇有"迷宫"之称，或许在这座小镇里漫游才是最好的出行方式。你可以在行走的途中从杂乱的建筑中寻求出一种逻辑秩序，或是迷失于错综复杂的街巷和蛇一样弯曲盘旋的拐弯处，但是到最后，你总能安然地从城镇里走出。

# 世界上最孤独的岛屿——丹麦法罗群岛

法罗群岛位于挪威、苏格兰和冰岛之间的北大西洋海域，由北大西洋中的

18 个小岛组成，是丹麦王国的海外自治领地，这是一座被人遗忘的岛屿。

## U 形的朦胧群岛

法罗群岛多山，冰斗、U 形谷发育，最高点海拔 882 米。各岛海岸线曲折，峡湾较多。海岸线总长 1117 千米，平均海拔高度 300 米。年均降水量 1168 毫米，雾日 200 多天，常年伴有雾和雨，可见岛上常年处在朦胧之中。好在海鸟群集，鱼类丰富，养羊业亦盛，可见，迷雾并没有对这里的生灵们造成影响。

## 海鸟翔集西风劲

法罗群岛为温和的海洋性气候，气温波动不大，1 月平均气温 3.4℃，7 月平均气温 10.3℃。由于北大

**拓展阅读**

**海盗的后裔**

来自斯堪的纳维亚法罗人，是约于公元 800 年在法罗群岛开拓殖民地的挪威海盗后裔。法罗人生活在海边，以小型居民点聚居，法罗斯语为官方语言，与冰岛语、西挪威语和丹麦语关系密切。

西洋暖流影响，港口相对无冰冻。岛上无蟾蜍和爬虫类，也没有土生的陆地哺乳动物，只有些由船只带来的野兔和小鼠。这地方貌似毫无生气，其实不然。这里有作为重要经济资源的大量的海鸟，有苔藓、野草、山地沼泽植物等天然植物。这里西风强劲，常刮大风，岛上天然树林稀少。

# 大洋中最美的岛屿——美国夏威夷群岛

夏威夷群岛位于北太平洋中部，由 100 多个大小岛屿组成，就像一串光彩夺目的珠链在茫茫大洋上熠熠生辉。美国著名作家马克·吐温曾盛赞夏威夷群岛为"大洋中最美的岛屿"。

## ◤ 群岛中的佼佼者

夏威夷群岛中的瓦胡岛，各方面条件都很好，所以成为夏威夷群岛中的佼佼者。瓦胡岛上有夏威夷的首府火奴鲁鲁（檀香山），这里的人口数量占夏威夷群岛人口的 80%。

## ◤ 火山活动的"老地方"

夏威夷群岛位于太平洋底地壳断裂带上，是由地壳断裂处喷发出的岩浆形成的火山岛。直至现在，一些岛上的火山口，还经常会出现火山爆发。如夏威夷

夏威夷的历史

公元 4 世纪左右，一批波利尼西亚人乘独船破浪至此定居，为这片岛屿起名"夏威夷"，在波利尼西亚语中，夏威夷有"原始之家"的含义。1778 年，英国航海家詹姆斯·库克船长登上此岛，成为最早发现该群岛的欧洲人。1795 年，卡米哈米哈酋长征服了其他部落，建立了夏威夷王国。1898 年，夏威夷被美国吞并，1959 年成为美国第 50 个州。

岛上的基拉韦厄火山、冒纳罗亚火山，毛伊岛上的哈里阿卡拉火山，都是经常爆发的现代活火山。

## ⛵ 受惠不小的第五大岛

摩洛凯岛是夏威夷群岛的第五大岛，全岛长 61 千米，宽 16 千米，拥有 142 千米长的天然海岸线，岛上任何一处距离海边都不会超过 8 千米。据考证，摩洛凯岛形成年代超过两百万年，东、西火山的喷发活动筑起此岛中部地区富饶可耕的平原土地，岛上居民迄今仍受其惠。

## ⛵ 白沙海滩与大堡礁

夏威夷岛西侧是起伏的山峦、沙丘、放牧农场，以及绵延 4.8 千米的白沙海滩。岛屿东侧是狭长的山地，全世界最高的海岸峭壁就在这里深入太平洋。岛屿的中南部比较潮湿，遍地可见松树及竹林。南部海岸有造型奇特的大堡礁，为此地的游人提供了全年无休的海上活动与遮蔽保护。

# 人间天堂般的景色——美国塞班岛

美国塞班岛是西太平洋北马里亚纳群岛中的最大岛屿，位于东经 145°，北纬 15° 的太平洋西部，西南临菲律宾海，东北临太平洋，是北马里亚纳联邦的首府。

## ⛵ 身在塞班心在天堂

塞班岛邻近赤道，四季如夏，风景优美，是世界著名的旅游胜地。身处塞班，展示在你面前的是迷人的蓝绿色菲律宾海，故有"身在塞班犹如置身天堂"之说。很少有旅游目的地可以提供旅游者的所有要求，而塞班就是其中之一。

## ⛵ 塞班岛的居民

塞班岛有 5 万名原住居民，包括美国人和当地土著人，其他为外来工作者和投资人，包括约5000 名日本人、韩国人，中国人、菲律宾人、韩国人、孟加拉人、泰国人皆约 1 万人。由于这里

### 趣味故事

#### 台风不忍伤害的地方

塞班岛全年处于亚热带海洋气候，一年中温差不大，7～8 月是雨季，12 月至次年 2 月是旱季。全年日平均温度为 28℃～ 29℃，相对湿度为 80%，8～9 月经过北半球的热带气压和台风大都在关岛附近的太平洋上生成。马里亚纳全岛都被台风包围着却很少受到灾害的侵袭，这么美的地方，台风都不忍伤害它。

拥有众多的中国人，所以中国的食品、饭店、商店遍布全岛，给中国人的居住、饮食带来了便利。

### ⛵ 天生丽质难自弃

"天生丽质难自弃"说的就是塞班岛，因为它就像一个风情万种的佳人，玻璃般透明的海水，妖娆动人的密克罗尼西亚女郎与土风舞，以及热闹而令人兴奋的沙滩烧烤晚会，塞班岛以富于变化的地形、超高透明度的海水，使这里美丽无比。

## 美国避暑胜地——美国阿卡迪亚岛

阿卡迪亚岛位于美国东部缅因州海岸附近，是 5 亿年来地质运动的结果：火山爆发喷出的岩浆被海水冷却，塑造了阿卡迪亚岛最初的样貌。冰川时期的冰河在岛上流淌，重新塑造了阿卡迪亚岛。

## ⛵ 有灯塔指引

阿卡迪亚岛最主要的地理特征是山脉起伏。这里的烟雾长年不散，经常使海上一片模糊，船只的航行变得十分危险。海边矗立着 5 座灯塔，它们至今仍在发挥作用。岛上草木苍翠，山势成斜坡插入海洋。海湾聚集了丰富的海洋动植物资源，包括藻类、海螺、鲸和龙虾等。海洋学家常年在这里观察海豚、海豹和海鸟的生活习性。

## ⛵ 东海岸的奇观

卡迪拉克山脉是阿卡迪亚岛东海岸的一个奇观。它以法国探险者卡迪拉克命名。1947 年的火灾烧毁了岛上近 4 平方千米的植被，后来新生的云杉和冷杉更显蓬勃。人们可以骑自行车沿着洛克菲勒家族修建的道路深入丛林探险。人们爬上萨格特峰或派诺斯各特山脉能够看到法国人海湾和桑斯桑德海湾，这些壮丽的景观使人惊叹不已。

# 传说中的巨龟之岛——厄瓜多尔科隆群岛

科隆群岛位于太平洋东部的赤道上，现在它是厄瓜多尔共和国的一个省，离厄瓜多尔本土 1000 千米，由 19 个岛及附属小岛及岩礁组成。

## ⛵ 珍稀动物的家园

科隆群岛以其罕见的动物而闻名，因其巨大的陆龟而又名"加拉帕戈斯群岛"（意为"巨龟之岛"），据说这种龟是地球上生命最长的动物。岛上多数动物出自中美、南美洲的动物群，因二者亲缘关系很近。动物稀少是由于动物们很难越过海洋。两栖动物不多，爬虫也很少，当地特有的陆地哺乳动物只有 7 种啮齿动物和两种蝙蝠。岛上鸟的种类和亚种约有80种。

### "魔幻之岛"

15世纪中期，在南美洲西部太平洋海面捕鱼的渔民中，流传着一些关于被施过魔法的神秘岛屿的传说。据说那些岛屿有时在远处清晰可见，但当靠近时又消失不见，有时看起来像是一艘大帆船，有时又显出女巫的样子……渔民们把这些岛屿叫作"着魔岛"，怀疑那里可能被海中妖魔统治着。这些岛屿，就是今天的科隆群岛。

## 世界最大的自然博物馆

科隆群岛是一个火山岛，受秘鲁寒流影响，气候凉爽干燥，草木茂盛，四周被汪洋大海阻隔，形成了一个特有的生态环境。据专家考查，岛上生活着700多种地面动物、80多种鸟类和许多昆虫，其中以巨龟和大蜥蜴闻名世界。海狮、海豹、企鹅等寒带动物也常出现于海边，因此，科隆群岛被称为"世界最大的自然博物馆"。

# 与世隔绝的神秘岛——智利复活节岛

复活节岛是南太平洋中的一个岛屿，当
地的语言称为拉帕努伊岛，位于智利以西外
海3000千米以外，是世界上一个孤独的岛屿。

## ⛵ 最与世隔绝的孤岛

复活节岛在南纬27°和西经109°交会
点附近，现属智利共和国的瓦尔帕莱索地区，
面积约117平方千米。它离太平洋上其他岛
屿距离都很远，所以它是东南太平洋上一个
孤零零的小岛，也是世界上最与世隔绝的岛

**趣味故事**

### 复活节岛之谜

复活节岛因其巨大的石雕像而
著名，有约600多座大石雕像，以
及大石台遗迹。这个东南太平洋上
孤独的小岛已引起世界上许多人的
关注。从发现这个小岛开始，许多
问题便成了解不开的谜。复活节岛
被世界上许多人称为"神秘之岛"，
关于它的诸多疑问，又被世人说成
是"复活节岛之谜"。

屿之一，离其最近有人定居的皮特凯恩群岛仍有2075千米的距离。

## ⛵ 世界的中心

复活节岛虽然与世隔绝，但却是世界的中心。这是怎么回事呢？

复活节岛约有居民 2000 人，都属波利尼西亚人种。在人类的石器时代，他们只有语言，没有文字。岛上石块泛滥，不长农作物，只种甘薯。岛民原本只靠捕鱼，种少数甘薯为生，现在多从事旅游服务业。这些的土著波利尼西亚人，称这个小岛是"世界的中心"。

# 世界上最大的岛屿——格陵兰岛

格陵兰岛在北美洲东北部，位于北冰洋和大西洋之间，面积约 216 万平方千米，是世界上第一大岛屿。因为终年积雪，所以这里也是冰雪的王国。

## ⛵ "名不副实"的第一大岛

格陵兰岛是丹麦的属地，面积约是中国台湾岛面积的 60 倍。从北部的皮里地到南端的法韦尔角相距 2574 千米，最宽处有 1290 千米，海岸线全长 3.5 万多千米。

格陵兰岛在丹麦语中的意思是"绿色的土地"，然而实际情况并不像它的名字那样绿意盎然，而是一个冰雪覆盖的神话世界。格陵兰岛中 4/5 位于北极圈内的地区，全年气温在 0℃以下，有的地方最冷可达到 –70℃。这里拥有广大厚实的冰原，规模之大稍逊于南极洲，平均厚度约 1500 米。

**趣味故事**

### 绿色的大陆

相传古代，有一个挪威海盗独自从冰岛划船出发，远渡重洋。他在格陵兰岛的南部发现了一块不到一千米的绿油油的水草地，他像发现了新大陆一样高兴。回到家乡以后，他骄傲地对朋友们说："我不但平安地回来了，我还发现了一片绿色的大陆！"这块草地就被挪威人命名为格陵兰，后来慢慢地，格陵兰就成了全岛的称呼。

### ⚓ 奇幻的日不落岛

格陵兰岛会出现一年各约 5 个月的极昼和极夜现象。越靠近高纬度，极昼和极夜越长。冬季，极夜来临时，格陵兰上空有时会出现绚丽多彩的北极光，时而如绚烂的焰火直喷高空，时而如手执飘带的仙女翩跹起舞，给格陵兰的夜空带来一派生机与活力。而在夏季，则终日艳阳高照，所以这里又被称为日不落岛。

# 世界上最大的半岛——阿拉伯半岛

阿拉伯半岛位于亚洲和非洲之间。阿拉伯一词是"沙漠"的意思，沙漠约占总面积 1/3，几乎整个半岛都是热带沙漠气候区和无流区。阿拉伯半岛是世界上最大的半岛。

### ⚓ 三洲交界处

阿拉伯半岛位于亚洲西南部，南靠阿拉伯海，东临波斯湾、阿曼湾，北面以阿拉伯河口—亚喀巴湾顶端为界，与亚洲大陆主体部分相连，位于印度洋板块。半岛南北长约 2240 千米，东西宽约 1200 ~ 1900 千米，总面积达 322 万平方千米，海拔 1200 ～ 2500 米。

阿拉伯半岛包括 7 个主权国家的领土：沙特阿拉伯王国、也门共和国、阿曼苏丹国、阿拉伯联合酋长国、卡塔尔、巴林和科威特。阿拉伯半岛资源丰富，又地处亚非欧三洲交界处，在东西方文明交流中起着重要的桥梁作用。

### ⚓ 石油"泛滥"的半岛

阿拉伯半岛的石油储量和产量非常多，居世界第一，名副其实的"石油王国"。阿拉伯半岛附近的海湾中蕴藏着大量的石油和天然气，岛上许多国家的经济以石油为支柱，所以，石油成了这个地区具有重大经济价值的矿产资源。虽然经过多年的开采，但是阿拉伯半岛上的石油储量依旧居世界首位。

## 世界上最大的群岛——马来群岛

马来群岛也叫南洋群岛，位于亚洲东南部太平洋与印度洋之间辽阔的海域，是世界上面积最大的群岛。

### ⚓ "人丁兴旺"的群岛家族

在海岛世界中，马来群岛是个"人丁兴旺"的群岛家族，其"家族成员"数量多达 2 万以上，总面积达 255 万平方千米。但是无人居住的岛屿占绝大多数，有人居住的岛仅占岛屿总数的 1/10。在全球所有的群岛中，马来群岛的数目、面积、人口都独占鳌头，是其他任何群岛都不能与之媲美的。

## 最易"发怒"的地区

马来群岛被看作是东南亚最不安全的地区，为什么这么说呢？

因为这里处于地壳运动活跃的地方，由于太平洋板块、印度洋板块和亚欧板块彼此挤压，使这里成为世界上地震和火山爆发最多的地区，所以说，马来群岛是地球上最容易"发怒"的地区。

# 世界上海拔最高的岛屿——新几内亚岛

新几内亚岛又称伊里安岛，是马来群岛东部岛屿，位于太平洋西部，澳大利亚北部，是太平洋第一大岛屿和仅次于格陵兰岛的世界第二大岛。

## 大洋洲的"巨人"

新几内亚岛东西长约 2400 千米，中部最宽处 640 千米，面积约 78.5 万平方千米，连同沿海属岛在内共 81.8 万平方千米。全岛呈西北—东南走向，形成绵延的中央山脉，大部分山地、高原海拔在 4000 米以上，是世界上海拔最高的岛屿。中央山脉的西段山顶终年积雪，称为雪山山脉，最高的查亚峰，海拔为5030 米，它是大洋洲的最高点。

**拓展阅读**

### 极乐鸟的天堂

极乐鸟是巴布亚新几内亚的国鸟，是世界上一种极为美丽的鸟，它们喜欢逆风飞行和在雾中群飞觅食。长尾极乐鸟被认为是国家的象征，被印在国旗、国徽、邮戳上面。巴布亚新几内亚是极乐鸟之乡，也是极乐鸟的天堂。

# 世界上最大的砂质岛——芬瑟岛

芬瑟岛位于澳洲东岸，为世界上最大的砂岛，英国的库克船长在 1770 年发现了该岛，不过，考古学研究发现芬瑟岛在 5000 多年前就有人类活动的证据。

## 砂的海洋

芬瑟岛位于昆士兰省重要城市布里斯本北方 250 千米处，芬瑟岛与澳洲大陆中间隔有大砂海峡，南端的起点为库罗拉镇，从大砂区域开始往北延伸约 175 千米。最宽处约有 25 千米，最高点海拔 260 米。芬瑟岛的一半地域都属于国家公园的范围。芬瑟岛的整个北部地区被大沙国家公园占满，南部地区被野生森林和皇室保留地覆盖。

除了纯净的砂以外，芬瑟岛还以水文景观出名，岛上有 100 个砂丘湖，是世界上最洁净的淡水湖群。

## 防晒乳与肥皂带来的悲剧

防晒乳与肥皂成为芬瑟岛最主要的污染源，所以也成为这个最大砂质岛的重点"打击对象"。其实，芬瑟岛上的淡水湖也是世界上最洁净的淡水湖之一。湖边的砂里含有纯净的二氧化硅，可用来清洗头发、牙齿、珠宝、皮肤。目前该湖的主要污染源来自游客的防晒乳液与肥皂。

# 海水雕刻的美丽曲线

海岸是指陆地与海洋的交界线。海岸是怎么形成的呢？它是海水不断雕刻的杰作，世界各地只要临海，都能找到这种被海水雕刻的美丽曲线，本章将带你去看看世界著名的海岸风光。

## 阳光最充足的海岸——西班牙太阳海岸

太阳海岸位于西班牙南部的地中海沿岸，以阳光沙滩著称，长 200 多千米，被誉为世界六大完美海滩之一，也是西班牙四大旅游区之一。

### ⛵ 阳光最"富裕"的海岸

太阳海岸气候温和，阳光充足，全年日照天数达 300 多天，所以称"太阳

**拓展阅读**

**20 世纪最杰出、最伟大的艺术家**

毕加索博物馆是太阳海岸马拉加市一流的文化旅游设施，位于离毕加索出生地不远的波拿比斯达宫，这是一个融合了穆德哈风格和文艺复兴时期艺术风格的宫殿。毕加索博物馆长期展出毕加索各个时期、各种技巧和风格的 204 幅作品，展现了艺术家的生命轨迹。

海岸"。太阳海岸沿海地区有一百多个海滩，许多城镇，是欧洲最完整的海岸线。七八月份的平均气温分别是 20.9℃和 24.4℃，冬季平均气温达 18℃，游客一年四季都能在地中海中享受清凉的海水浴，真是一个让人心驰神往的好去处。

# 远离喧嚣独处的好去处——牙买加尼格瑞尔海滩

尼格瑞尔海滩位于牙买加，有长达 27 千米的非常迷人的白色海岸线和令人叹为观止的和谐宁静的气氛，是世界十大著名海滩之一。除此之外，它还是嬉皮士的天堂。

## 宁静浪漫的白色海岸线

在尼格瑞尔，傍晚可以欣赏到无比壮观的加勒比海落日。这里的天气常年处于绝佳的状态，除了惊艳的白沙沙滩，五彩斑斓的珊瑚礁，还有大量的海葡萄、椰子树。当地房屋清一色的低腰设计，这些美景形成了尼格瑞尔海滩独特的异国风情。

## 优美的嬉皮士天堂

据尼格瑞尔历史记载，自 1960 年起，这里便是嬉皮士们理想的居住地。

**拓展阅读**

### 双面尼格瑞尔

如果你来到尼格瑞尔海滩，这里有两张尼格瑞尔面孔等你来鉴别。尼尔瑞尔的第一张面孔是简朴古怪的西海岸，这里兴建有许多精品店、宾馆酒店及餐厅，无论你走进哪一家店，它所带给你的都是牙买加当地最浓郁的民族文化。另外一面则是正式的、高档的东海岸，绝大部分的高档休假村都沿着这条海滩线排列。一面热情简朴，另一面高级精致，双面的尼格瑞尔无疑是它的巨大魅力。

1990 年初期，大资本家们为了开发旅游业市场，便把酒店、度假村建造得更具正规化、商业化，但是至今我们仍会在当地看到许多有着嬉皮士风格的裸体游泳者。城镇中心的喧嚣和牙买加人民的热情也同样感染着每一位慕名而来的游客。

# 因拥有金色沙滩而得名——澳大利亚黄金海岸

黄金海岸位于澳大利亚东部海岸中段，布里斯班以南，它由一段长约 42 千米、10 多个连续排列的优质沙滩组成，因沙滩为金色而得名。

## 充满生机和动感的游乐胜地

黄金海岸属亚热带海洋气候，全年阳光普照，空气温润。每年的 8 月到次年的 1 月非常适合潜水。这里有明媚的阳光、连绵的白沙滩、湛蓝清透的海水、浪漫的棕榈林，成为澳大利亚的假日游乐胜地。

## 旅游者的人间天堂

来到黄金海岸，你可以搭船沿运河欣赏秀丽的风光，打沙滩排球、游泳、冲浪、滑水、滑翔跳伞、帆船航行、驾驶汽艇及滑浪风帆……黄金海岸简直就是旅游者的人间天堂。

▲牙买加尼格瑞尔海滩

▲澳大利亚沙克湾

# 澳大利亚最高海岸线——澳大利亚沙克湾

沙克湾位于澳大利亚西部城市珀斯以北 800 千米处，澳大利亚大陆最西端，濒临印度洋，向北抵达卡那封镇，面积 21973 平方千米。

## ⚓ 最高海岸线的殊荣

沙克湾拥有世界上最大和最丰富的海洋植物标本，并拥有世界上数量最多的儒艮和叠层石。沙克湾（Shark Bay）的意思是"鲨鱼湾"，它由南北走向的平岛和岛屿群组成，海岸线长达 1500 千米，最高处为 200 米，因此有全澳大利亚最高海岸线的殊荣。

## ⚓ 动物没有生存压力的宝地

尽管沙克湾是澳大利亚最高海岸线，但是在这里还有许多浅水区，这些地区是跳水和潜水活动的理想场所，就连小海龟也喜欢在这里嬉戏。澳大利亚的海龟大多为食肉动物，通常可在海湾中见到独行的海龟，大规模的海龟聚集一般在每年 7 月底才开始。海龟和儒艮是其产地的土著居民餐桌上的佳肴，但在沙克湾地区，这两种动物的生存并没有受到威胁。

## 珊瑚丛花园

　　宽阔的珊瑚丛是沙克湾水下的美景，珊瑚礁块的直径大约有 500 米，其间充斥着大量的海洋生物。蓝色、紫色、绿色、棕色等色彩绚烂的珊瑚争相映入人们的眼帘。在这里，有一个美丽蓝色石松珊瑚的生长群落。此外，头珊瑚和平板珊瑚也随处可见，真是美不胜收。

# 美国著名的海水浴场——佛罗里达的南部海滩

　　佛罗里达的南部海滩是美国著名的海水浴场，也是全世界名列前茅的旅游胜地。

## 美妙的立体图画

　　佛罗里达的南部海滩与迈阿密隔着比斯坎海湾相望，有几座跨海大桥与之相连。这个海滩海水浅，沙白且细，平坦广阔，延绵数千米，像一条一望无际的长

长的宽大白色玉带镶在海边。蓝天、碧海、白沙，成群的海鸥组成了一幅十分美妙的立体图画……每年都有数百万人来这里享受沙滩、阳光和海水带来的舒畅。

## ⛵ 富人扎堆的地方

西棕榈滩是佛罗里达的南部海滩之一，位于迈阿密市北面 60 余千米的地方。优越的气候、优美的风景和多样的文化，使西棕榈滩成了全球富人的天堂，这里是佛罗里达最高级的住宅区。从昔日的范德比尔特家族、洛克菲勒家族、卡耐基家族、梅隆家族，到肯尼迪家族、慕恩与贝克家族，他们都曾是棕榈滩的主宰者。无论何时，凡是你耳熟能详的名字都能在棕榈滩找到。

# 美丽的原始风光——美国基纳尔峡湾

基纳尔峡湾位于美国阿拉斯加半岛的西侧，这里地形错综复杂，小湾、小岛、湖密布，有"海上爱斯基摩"之称。

## ⚓ U形谷成就的峡湾

　　基纳尔峡湾宽只有几千米，长却达几十千米，位于陡峭的山脉之间。而且，能有今天的基纳尔峡湾，多亏了U形冰川的功劳。最初，冰川在这里刨出了巨大的U形谷，后来冰川融化，海平面上升，山谷被海水淹没，昔日的山峰成为现在海面上孤零零的小岛。而这一地区所在的板块一直在向下运动，也加快了基纳尔峡湾被海水淹没的速度，最终形成了这个迷人的"海上爱斯基摩"。

## ⚓ 打不败的峡湾

　　由于冰川在基纳尔峡湾地区切割出了6个主要的峡谷，当今的许多小海湾最初都是冰川谷，它们峰壁陡峭，底部堆积有大量的冰碛。这些由先前冰川谷形成的峡湾，为各种海洋鱼类和水生哺乳动物提供了一个相对安定的生存环境。海湾外，来自太平洋的巨浪连续撞击着延伸向大海的陆地，但峡湾内却风平浪静，它就像一个永远打不败的将军，时时刻刻给人以安全感。

# 世界上海况最恶劣的航道——智利合恩角

　　智利南部合恩岛上的陡峭岬角，位于南美洲最南端，以1616年绕过此角的荷兰航海家斯豪滕的出生地霍恩命名。

## ⚓ 最南端的分界线

　　著名航海家麦哲伦的船队曾于1520年沿着南美洲大陆东岸南下，来到一个荒岛，这一带水域风

合恩角为世界五大海角（合恩角、好望角、鲁汶角、塔斯梅尼亚的西南角、斯地沃尔特的西南角）之一。由于位于美洲大陆最南端，隔德雷克海峡与南极相望，属于次南极疆域，堪称世界上海况最恶劣的航道，故又有"海上坟场"之称。由于风暴异常，海水冰冷，历史上曾有500多艘船只在合恩角沉没，两万余人葬身海底，所以被称为"魔鬼之地"。

大浪高，水流湍急，海中还漂着巨大的冰块。麦哲伦穿过海峡时，看到南侧的岛屿上有印第安人燃烧的篝火，便给该岛起名叫"火地岛"。合恩角就处在火地岛的南端，在南极大陆未被发现以前，这里被看作是世界陆地的最南端，也是太平洋与大西洋的分界线。

# 世界上最有名的海滩之一——巴西里约热内卢海滩

　　里约热内卢海滩位于里约热内卢居住区前面横跨 4.5 千米处，是世界上最有名的海滩之一。

## ▲ 年轻人的天堂

　　里约热内卢海滩称得上是全世界最热情的海滩。在这里，几乎都是年轻人，他们或打球、或冲浪、或晒日光浴，三五成群，布满沙滩，宛如一场盛大的宴会。

**拓展阅读**

### 悠闲的里约热内卢人

在里约热内卢流传着这样一个故事，一个富人问躺在沙滩上晒太阳的流浪汉："这么好的天气，你怎么不出海打鱼？"流浪汉反问他："打鱼干嘛呢？"富人说："打了鱼才能挣钱呀！"流浪汉问："挣钱干嘛呢？"富人说："挣来钱你才可以买许多东西。"流浪汉又问："买来东西以后干嘛呢？"富人说："等你应有尽有时，就可以舒服地躺在这里晒太阳啦！"流浪汉听了，懒洋洋地翻个身，说："我现在已经舒服地躺在这里晒太阳了啊！"

# 世界上最危险的航海地段——南非好望角

好望角是位于非洲西南端非常著名的岬角，位于南纬34°21′，东经18°29′处，北距开普敦52千米，最初称为"风暴角"，后被视为通往富庶的东方航道，故改称好望角。

## 最危险的海域

好望角位于大西洋和印度洋的交汇处，多暴风雨，时常掀起惊涛骇浪，这里除风暴灾害外，还常有"杀人浪"出现。这种海浪浪头犹如悬崖峭壁，浪背则像缓缓的山坡，波强时高度一般有15米以上。在冬季频繁出现，有时还会加上极地风引起的旋转浪。当浪与流相遇时，整个海面如同开锅似的翻滚，受其侵袭而蒙难的船只不计其数。因此，这里成

**趣味故事**

### "好望角"的由来

"好望角"一名的由来最常见的有两种说法：一种说法为葡萄牙探险家迪亚士1488年12月回到里斯本后，向若奥二世陈述了"风暴角"的见闻，若奥二世认为绕过这个海角，就有希望到达梦寐以求的印度，因此将"风暴角"改名为"好望角"；另一种说法是葡萄牙另一位探险家达·伽马带领远航队顺利地绕过"风暴角"，当时的葡萄牙国王约翰二世听到这一消息非常高兴，就把"风暴角"改为"好望角"，以示绕过此海角就会带来好运。

为世界上最危险的航海区域之一。

### ⛵ 著名的"西风漂流"

在南半球中纬度地带只有非洲的好望角、南美洲的合恩角，以及澳大利亚南部沿岸和新西兰的南岛等少量陆地，其他几乎被三大洋的南部海域所环绕，构成一个封闭、通畅的水圈。这里全年西风劲吹，风暴频发，常年的西风把海水驯服得环绕地球由西向东奔涌，形成了著名的"西风漂流"。

## 世界上最恐怖的海岸——纳米比亚骷髅海岸

纳米比亚骷髅海岸位于非洲西南部的纳米比亚，是纳米布沙漠和大西洋冷水域之间的一条500千米长的漫长海岸，以船只残骸和人类骷髅骨架而得名。

### ⛵ 曾经的"地狱海岸"

骷髅海岸虽然是海岸，但却是世界上为数不多的最为干旱的沙漠之一。天气极端恶劣和干燥，风常从海洋吹过来，但是这里一年到头都难得下雨，每年平均

拓展阅读

### 骷髅海岸名字的由来

1933 年，一位瑞士飞行员诺尔从开普敦飞往伦敦时，飞机失事，坠落在这个海岸附近。有记者指出诺尔的骸骨终有一天会在"骷髅海岸"找到，骷髅海岸从此得名。可是诺尔的遗体一直没有被发现，但却给这个海岸留下了名字。

降雨不超过 25 毫米。曾经，葡萄牙海员把它称为"地狱海岸"，现在叫作骷髅海岸。这种极端的环境还真的就像是地狱一样。

## 最危险荒凉的海岸

水流交错、8 级大风、令人毛骨悚然的雾海和海岸边参差不齐的暗礁，令来往船只经常失事，被称为"世界上最危险的海岸线"。时至今日，过去在捕鲸中因失事的船只残骸，依旧杂乱无章地散落在这里。只有羚羊、沙漠象和极其勇敢的旅游者才能踏入这一禁区。

# 挪威最具代表性的景观——挪威峡湾

挪威以峡湾闻名，是世界上峡湾最多的国家，有"峡湾国家"之称。从北部的瓦伦格峡湾到南部的奥斯陆峡湾为止，无穷尽的曲折峡湾和无数的冰河遗迹构成了壮丽精美的峡湾风光。

## 世界美景之首

你听说过有人视峡湾为灵魂吗？挪威人就是如此，并以峡湾为荣，认为峡湾

象征着挪威人的性格。峡湾给人
带来的不仅是视觉冲击，更是心
灵的震撼。挪威的峡湾被国际著
名旅游杂志评选为保存完好的世
界最佳旅游目的地和世界美景之
首，并被联合国教科文组织列入
《世界遗产名录》。

## 恍如仙境的松娜峡湾

在挪威众多的峡湾中，松娜峡湾是世界最长、最深的峡湾，其长 204 千米、
深 1308 米。在一个春天寂静的清晨，航行在宛如平镜的松娜峡湾上，望着远处覆
盖着皑皑白雪的 "七姐妹峰"，仿佛置身于仙境一般。峡湾内部有世界铁路杰作之
一的弗洛姆铁路，可直达古德旺根的轮渡等。

## 喜欢独立的峡湾动物

就像挪威人一样，峡湾中的动物也格外地自在。马、牛、羊在各自家中都占
据着相当大的一片草地，有趣的是它们很少群居，都喜欢独立生活，最多三五只
在一起。森林公路的交通标志上画有驯鹿和熊，是为了让司机避让野生动物。

拓展阅读

### 挪威语中的峡湾

在挪威语中，"峡湾" 是深入内陆的海湾的意思。挪威北海的海岸线以非常复杂的
方式咬噬着内陆，形成了峡湾。挪威峡湾的规模在世界上数一数二。高峻的群山和浩
瀚的海洋似乎进行着一场没完没了的战争，使得观光者有幸深切感受自然的雄伟和壮
观，感叹人类的渺小。